Practical Analysis
of Flavor and
Fragrance Materials

香精香料分析实践

[美]凯文·古德纳　[美]罗素·罗塞夫　**编著**

徐迎波 等 **译**

中国科学技术大学出版社

安徽省版权局著作权合同登记号:第 12191934 号

Practical Analysis of Flavor and Fragrance Materials by Kevin Goodner, Russell Rouseff first published by Blackwell Publishing Ltd. 2011.
All rights reserved.
Authorized translation from the English Language edition published by John Wiley & Sons, Limited. Responsibility for the accuracy of the translation rests solely with University of Science and Technology of China Press and is not the responsibility of John Wiley & Sons, Limited. No part of this book may be reproduced in any form without the written permission of the original copyrights holder, John Wiley & Sons, Limited.
Simplified Chinese Translation Copyright © 2021 by University of Science and Technology of China Press
简体中文版在世界范围内销售。

图书在版编目(CIP)数据

香精香料分析实践/(美)凯文·古德纳(Kevin Goodner),(美)罗素·罗塞夫 (Russell Rouseff)编著;徐迎波等译. —合肥:中国科学技术大学出版社,2021.8
ISBN 978-7-312-04827-2

Ⅰ.香…　Ⅱ.①凯…②罗…③徐…　Ⅲ.①香精—分析 ②香料—分析
Ⅳ.TQ65

中国版本图书馆 CIP 数据核字(2020)第 013200 号

香精香料分析实践
XIANGJING XIANGLIAO FENXI SHIJIAN

出版	中国科学技术大学出版社 安徽省合肥市金寨路 96 号,230026 http://press.ustc.edu.cn https://zgkxjsdxcbs.tmall.com
印刷	合肥华苑印刷包装有限公司
发行	中国科学技术大学出版社
经销	全国新华书店
开本	710 mm×1000 mm　1/16
印张	16
字数	305 千
版次	2021 年 8 月第 1 版
印次	2021 年 8 月第 1 次印刷
定价	78.00 元

译 者

徐迎波　徐志强　葛少林

田振峰　胡永华　朱栋梁

王　健　彭晓萌　贺增洋

陈开波　孙丽莉　徐冰霞

译 者 的 话

　　随着人们对高质量生活的需求不断增加以及消费品质的不断提升,香精香料的应用日趋广泛,可以说,在我们衣、食、住、行等生活的各领域都有它的存在。因此,研究人员对香精香料的香味和香气进行系统性的深度分析也显得尤为迫切。香味和香气分析的两大核心任务:一是从复杂体系中捕集香味成分,二是通过仪器进行定性定量分析。一直以来,这些都是分析化学家面临的严峻挑战。本书系统地介绍了香味成分捕集以及定性定量的各种方法,阐述了各种方法的优点及不足,并通过大量实例让读者了解不同方法所解决的问题。引进出版此书的主要目的是拓展香精香料分析人员的视野;提供相对系统的香精香料的捕集及定性定量分析知识体系;通过系统的捕集和分析技术应用,使从业人员可以了解不同分析方法的优势。

　　本书是风味分析、香精香料分析、VOC 分析以及感官质量检验等专业技术人员的有益工具,也是生化、食品、分析和调香等专业研究生的辅助学习工具,对提高技术人员的实际分析能力、解决分析过程中遇到的实际问题都具有积极的指导作用。而且为了方便读者查阅,本书在附录部分添加了相关国家标准。

　　在出版过程中,安徽中烟工业有限责任公司技术中心分析技术人员对本书的翻译提供了许多宝贵意见和建议,财务部等部门也为本书的出版提供了大量的帮助,在此致以衷心的感谢。

　　本书的翻译人员都是长期从事香精香料研究以及风味成分分析的高级工程师或研究员,但受翻译水平限制,难免有疏漏之处,敬请读者批评指正。

译 者

2020 年 10 月

前　言

　　产品的风味是消费者购买和长期消费的重要影响因素之一。然而,影响风味的因素基本上都是微量成分,因此风味不容易量化。从化学角度看,风味分析本质上是微量有机分析。人文因素是理解风味的基础,具有不同遗传和文化背景的人,他们对风味的感知也不同。因此,所有的风味分析都应该以人体感官为导向。长期以来,分析化学家都是采用传统的分析技术开展风味研究,而不是量化那些对感官具有重要作用的微量化合物。人们一直使用人的感观器官来评估产品的风味变化。感官评价日常质量控制是不切实际的,因此大多数食品和香水生产商都选择了一个折中办法,用感官评价数据来指导化学家监测风味化合物,以保证产品质量或感官特征符合要求。

　　本书试图展示如何开发联用技术以用于风味分析。现有的关于风味分析的书籍很少,有的只详细介绍了化学成分却没有感官分析,有的只详细介绍了感官分析却缺少化学分析。

　　本书旨在解决分析香精香料过程中的实际问题,目的是为刚进入风味和香味行业的工作者提供参考或指导。本书涵盖了一些新从业者可能遇到的问题,包括很多测试实验室可能会测试的如白利度、水活度、浊度等的检测。David Rowe 将他最近出版的《香精香料化学与技术》一书的内容简要总结为第 1 章。第 2 章的样品制备由 Russell Bazemore 编写,他对经典的和最前沿的采样技术进行了详细描述,这些技术的成功运用决定了风味分析的成功。第 3 章由 Russell Rouseff 和 Kevin Goodner 编写,介绍了用来测试原材料和成品质量的传统分析技术,包括最常用的气相色谱-质谱联用方法。

　　气相色谱-嗅辨仪联用(GC-O)是一种利用高分辨率气相色谱分离能力的混合技术,具有独特的选择性和灵敏度。由 Kanjana Mahattanatawee 和 Russell Rouseff 编写的第 4 章,涵盖了 GC-O 使用的硬件、软件和各种操作技术,以及所选的应用程序和优点。

Vanessa Kinton 和 Russell Rouseff 在第 5 章中讨论了数据分析中常用的多变量分析技术,描述了这些技术背后的数学背景和理论知识,重点是帮助读者理解这些数学方法背后的理论知识,因为在实践中这些过程常被当作一个"黑匣子"来处理。这些技术被广泛应用于许多分析领域(如电子鼻、质谱传感器、感官分析等),本章仅提供基础知识,其他章节将提供应用实例。

第 6 章和第 7 章分别由 Marion Bonnefille 和 Ray Marsili 编写,对两种截然不同的传感器使用了大量多变量数据处理。第 6 章是基于金属氧化物的电子鼻,第 7 章是基于质谱分析的化学传感器。虽然这两种仪器都使用了从传感器到模拟人类嗅觉的模式识别软件,但它们在用于获取数据阵列的传感器的类型和数量上有很大的不同。

Carlos Margaria 和 Anne Plotto 合著的感官分析章节(第 8 章),可能是大多数香精香料分析从业者都不太熟悉的领域。这一章提供了丰富的实践信息,可用于指导经过培训和未经培训的感官分析小组。其中多数内容都是来自编者自己的经验。

最后一章描述了影响行业风味分析的不断变化的规则,作者是 Robert Kryger。这是一个非常重要的问题,很少在学校授课时被提及。他讨论了许多基本条款和规定,并解释这些规定的一些复杂性。这些规定因不同国家而异。

编者希望这一汇编能够帮助到在风味分析领域开展职业生涯的化学家们。最后,也是最重要的,我们要感谢每一位编者所付出的时间和努力,感谢他们的奉献精神,使本书得以出版。

编　者

目　　录

第 1 章

香精香料原料概述

本章是香精香料原料的概述而非各种资料的简单罗列。编写本章的困难在于可借鉴的材料过于繁杂，如何对它们进行合理的分类归纳，按化学结构、香气类型还是用途？本章以《香精香料化学与技术》大纲为基础，综合以上三种分类方法[1]进行介绍。

当然，香精和香料之间存在大量的重叠部分。例如，下文讨论的顺式-3-己烯醇有新鲜青草的香气，赋予香精和香料清新的气息，因此两者之间的区分并不是绝对的。

1.1　芳香类化学成分

1.1.1　天然等同物

香精中绝大多数芳香类化学物质都是天然等同物（Nature Identical，NI），也就是说，它们已被确定存在于人类食物链中。欧洲理事会指导规则 88/388/EEC将其定义为"等同于天然物质的香料"或"合成香料"——这也是"合成香料"受到歧视的原因。最新的法规（欧洲法规 EC1334/2008），虽然不再区分天然等同香料和合成香料，但这个概念对调香师仍有着重要的指导意义，了解一种物质是否是天然等同香料很重要，尤其是名称和食物有关的一类香料。现在，第 1334/2008 号条例仅区分"调香物质"和"天然调香物质"，这在一定程度上与美国的做法一致，因为美国从未采用天然等同物的分类。尽管如此，NI 分类仍具有一定价值，因为材料列在联邦应急管理系统清单上，即说明它们"通常被认为是安全的"，并且绝大多数此类物质都存在于自然界中。

1.1.1.1　醇类

品尝过乙醇（1）饮料的人，大都认为乙醇是"酒精饮料"的一种香味成分。事实上，它既是溶剂（尤其是在香水中），同时也是一种香味物质（FEMA 2419）或添加剂（E1510）。顺式-3-己烯醇（2）是天然形成的"创面化合物"，即当植物组织受到损伤时，亚油酸与浸入的氧气反应产生不稳定的顺式-3-己烯醛，再经酶解生成己烯醇。同时还生成反式-2-己烯醛（3）和反式-2-己烯醇（4），反式-2-己烯醛具有浓郁的青草香味,而反式-2-己烯醇具有浓郁的甜香。

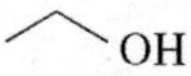

(1) 　　　　　　(2) 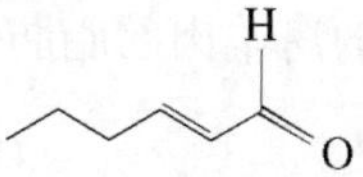　　　　　　　(3) 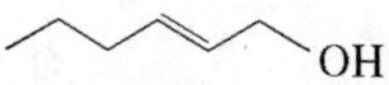　　　　　　　(4)

辛烯-3-醇(5),又名"蘑菇醇",具有蘑菇的特征香气。萜醇类,又称 C_{10} 衍生物,包括:香叶醇(6)及其异构体橙花醇(7)、香茅醇(8)和芳樟醇(9)[2]。环状萜醇类包括 α-松油醇(10)和薄荷醇(11)。

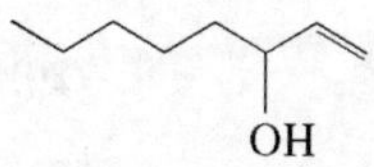

(5) 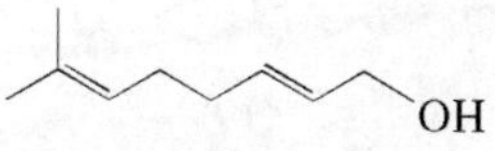　　　　　　　　　　(6)

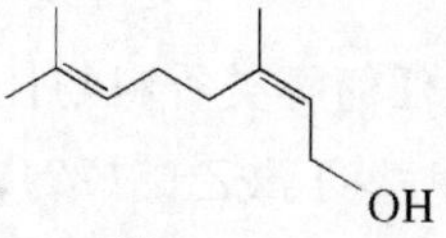

(7) 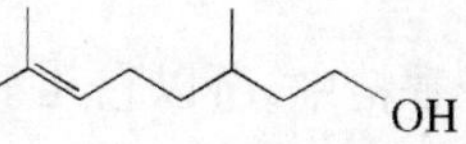　　　　　　　(8) 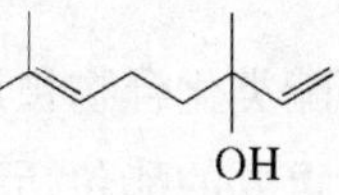　　　　　　　(9)

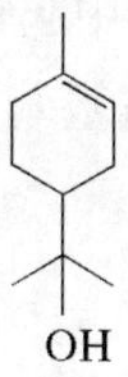

(10) 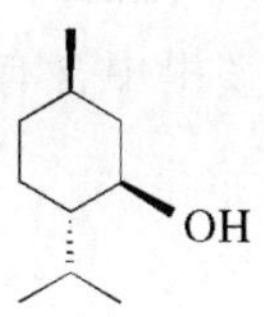　　　　　　　(11)

苄醇(12)的香气相对较弱,常用作香精的溶剂;苯乙醇(13)是玫瑰精油成分之一,具有怡人的玫瑰香气。另外两种重要的酚类百里酚(14)和丁香酚(15),它们分别是百里香油和丁香油的主要成分。

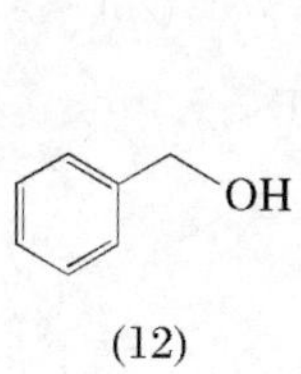

(12) 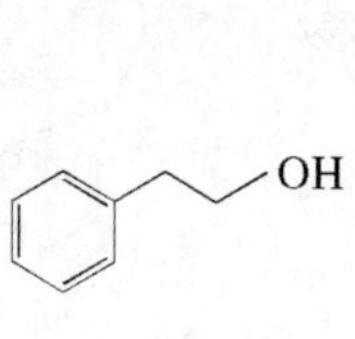　　　　　　(13) 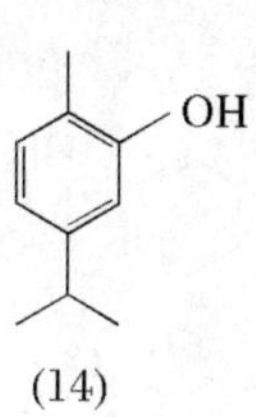　　　　　　(14) 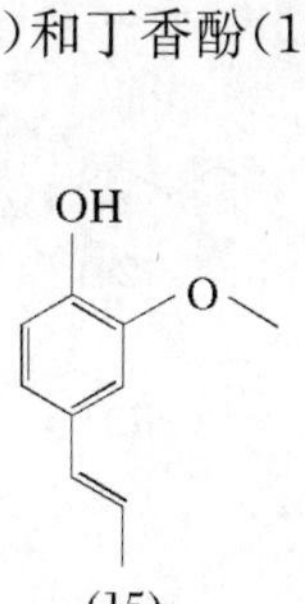　　　　　　(15)

1.1.1.2　酸类

单一的酸会产生刺鼻的气味,但在稀释后气味通常会变得柔和。高浓度的丁酸(16)具有典型的"婴儿呕吐物"的气味;戊酸(17)具有奶酪香,而 2-甲基丁酸(18)

的奶酪香更弱一些。长链酸,如癸酸(19),具有脂肪气息,是重要的乳制品香精,而4-甲基辛酸(20)具有强烈的烤羊肉的脂肪气息。

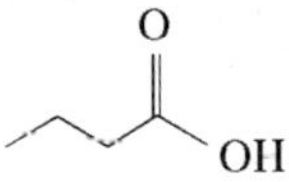

(16) 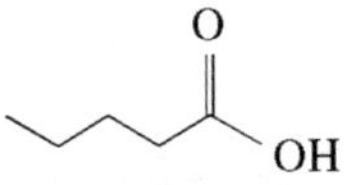　　　　　　　　(17) 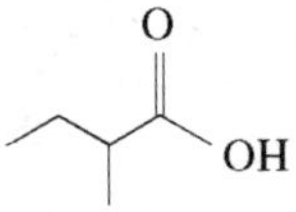　　　　　　　　(18)

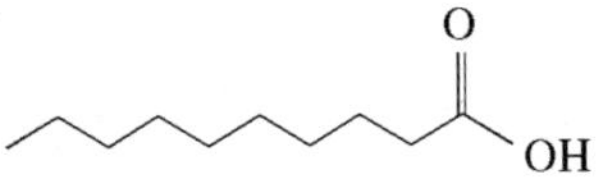

(19) 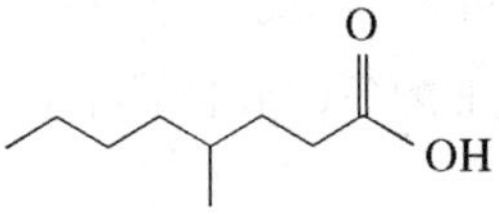　　　　　　　　　　　　　　　(20)

1.1.1.3　酯类

许多酯类化合物被用于香精中,所以它几乎是任何醇类香料与任何酸类香料的产物。重要的酯包括果香的丁酸乙酯(21)和2-甲基-丁酸乙酯(22);菠萝香的己酸烯丙酯(23)以及"梨汁香"的乙酸异戊酯(24)。2-甲基-丁酸苯乙酯(25)是"玫瑰花蕾酯",肉桂酸甲酯(26)温润的甜香在草莓香精中起重要作用。水杨酸甲酯(27)是冬青油的主要成分,蜜柑中含有的 N-甲基邻氨基苯甲酸甲酯(28),可以此区分它与柑橘油的不同。

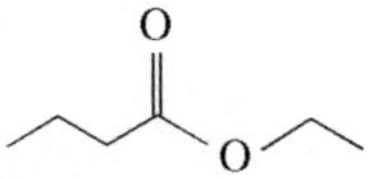

(21) 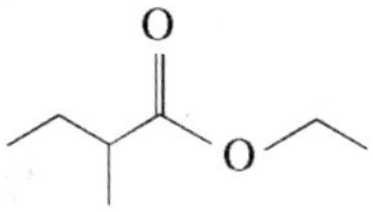　　　　　　　　(22) 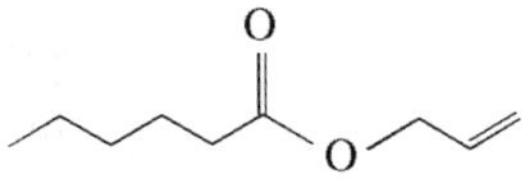　　　　　　　　(23)

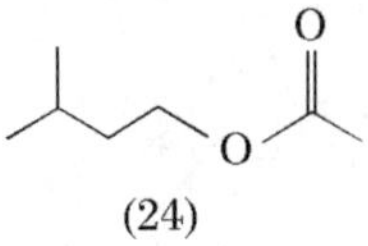

(24) 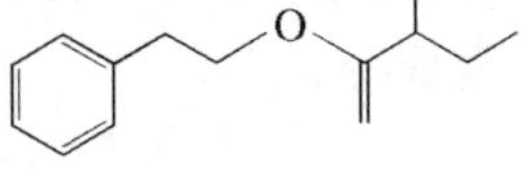　　　　　　　　(25) 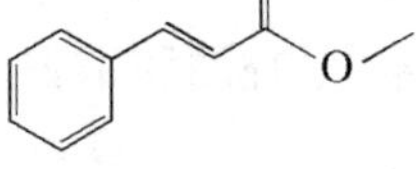　　　　　　　　(26)

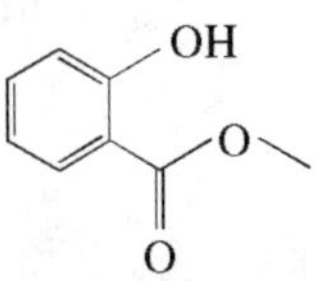

(27) 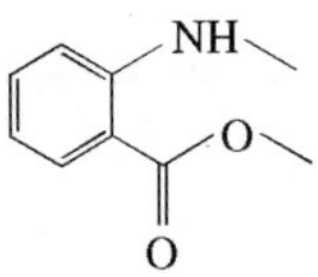　　　　　　　　(28)

1.1.1.4　内酯

环状内酯通常以 γ-内酯和 δ-内酯的形式存在。与脂肪链酯类类似,内酯通常用于水果香精中,也用作乳制品香精,尤其是 δ-内酯,如 δ-癸内酯(29);γ-壬内酯

(30)具有强烈的椰子气味,俗称"椰子醛"。

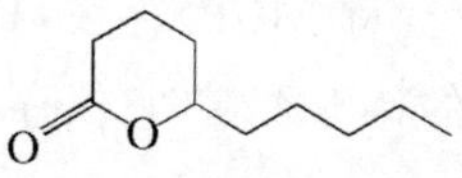

(29) 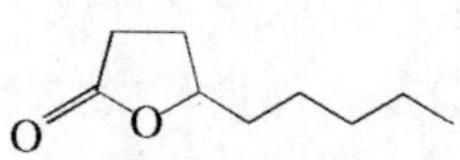　　　　　　　　　　　　　(30)

1.1.1.5 醛类

乙醛(31)在水果香气中无处不在,其挥发性强(沸点:19 ℃),如果作为单体香料很难处理并且十分危险。不饱和醛是非常重要的香料,如前面所述的反-2-己烯醛(3)(叶醛)。反,反-2,4-癸二烯醛(32)具有强烈的"柑橘油"香气;反-2-顺-6-壬二烯醛(33)俗名"紫罗兰叶醛"。柠檬醛是包含同分异构体香叶醛(34)和橙花醛(35)的混合物,具有强烈的柠檬味,是柠檬和其他柑橘油的关键香味成分。

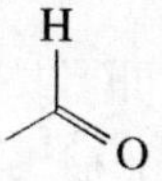

(31) 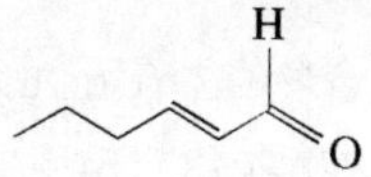　　　　　　　　　　　　　(3)

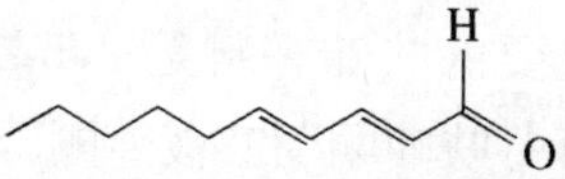

(32) 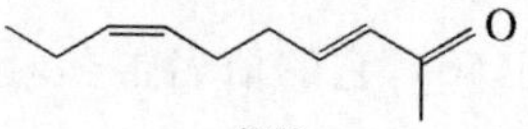　　　　　　　　　　　　　(33)

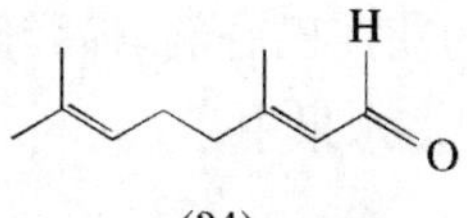

(34) 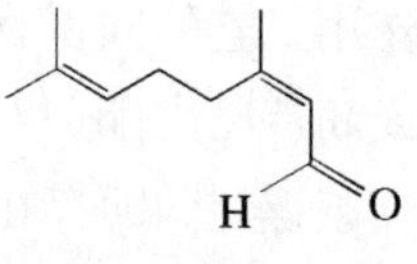　　　　　　　　　　　　　(35)

苯甲醛(36)广泛应用于果味香精,尤其是樱桃香精,但实际上它不是樱桃的关键成分。肉桂醛(37)存在于桂皮油和肉桂油中。香兰素(38)是最重要的芳香醛,也是所有香味化合物中最重要的一种。

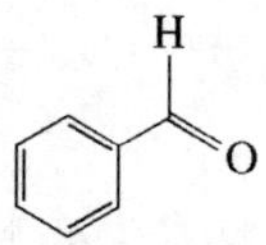

(36) 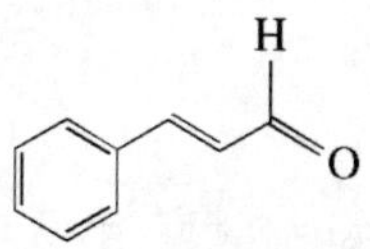　　　　　　　　　　(37) 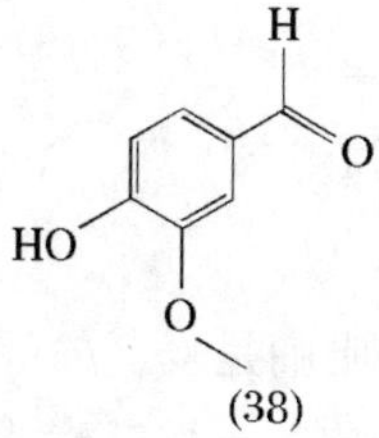　　　　　　　　　　(38)

1.1.1.6 酮类

四碳酮包括丁二酮(39)和羟基丁酮(40),两者大比例应用于黄油类口味的人造黄油和其他乳制品中。丁二酮挥发性强,大量蒸气暴露会造成人体呼吸道损伤。环二酮"枫槭内酯"(41)因甲基环戊烯醇酮(简称 MCP)存在,具有枫槭糖浆的焦甜香。覆盆子酮(42)是一种具有覆盆子香气的特殊香料,它仅存在于覆盆子中。

1.1.2 杂环化合物[3]

1.1.2.1 含氧环类

呋喃环类化合物(含氧五元杂环化合物)非常重要[4]。戊糖在烹饪过程中发生梅拉德反应生成糠醛(43),5-甲基糠醛(44)是在类似条件下由己糖生成的。后者有杏仁的味道,其"杏仁糖"样香气类似于苯甲醛,但更自然。甲基四氢呋喃酮(45)又叫"咖啡呋喃酮",具有焦甜香,但最重要的呋喃香料是 2,5-二甲基-4-羟基-3 [2H]-呋喃酮(46),它的俗名很多,包括"草莓呋喃酮"和"菠萝酮",具有甜香、水果香和焦糖香特征,在水果香料中十分重要。不仅如此,它在肉类调味中也很重要,具有增味剂的作用。它的同系物大豆呋喃酮(47)也具有浓郁甜香,而它的同分异构体"糖内酯"或葫芦巴内酯(48)具有强烈的葫芦巴香韵,稀释倍数很高时具有焦糖香。饱和呋喃茶螺烷(49)存在于红茶和很多水果中。

最重要的吡喃是麦芽酚(50)和香豆素(51)。前者具有焦糖香,后者有甜香和辛香。饱和呋喃 1,8-桉叶素或桉油精(52)是桉树油的主要成分,并且广泛存在于薰衣草、蒸馏酸橙和迷迭香等精油中。

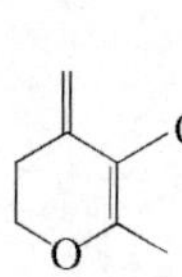

(50) 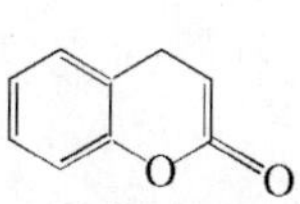　　　　　　　　(51) 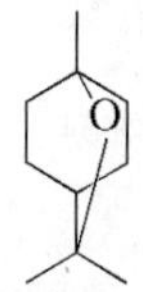　　　　　　　　(52)

1.1.2.2　含氮环类

吡咯类化合物(含一个氮原子的五元杂环化合物)在香料中相对来说并不重要,不过应该注意的是,2-乙酰二氢吡咯(53)具有新鲜烤面包的"优雅"香味,但因为极其不稳定而不能商业化使用。最重要的氮杂环是吡嗪类化合物,它很容易由氨基酸与糖发生梅拉德反应生成。简单的烷基吡嗪,如2,3,5-三甲基吡嗪(54)具有烘烤、可可样香气,对巧克力制品和烘烤类制品有重要作用。四氢喹啉(55)具有特别明显的烘烤香味。2-乙酰基吡嗪(56)具有强渗透性的烤饼干香气。烷氧基烷基吡嗪存在于新鲜水果和蔬菜中,2-甲氧基-3-异丁基吡嗪(57)即"甜椒吡嗪"具有浓郁香气。

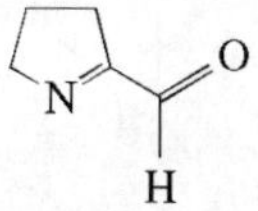

(53) 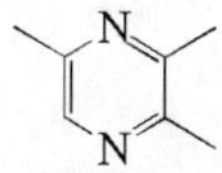　　　　　　　　(54) 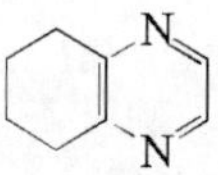　　　　　　　　(55)

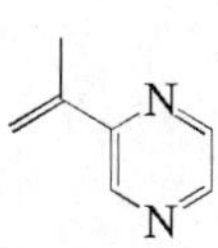

(56) 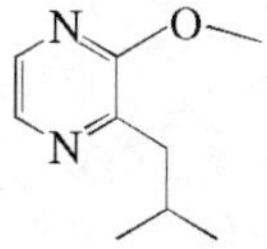　　　　　　　　　　　　(57)

1.1.2.3　含硫环类

只有少数几个简单的噻吩类化合物含一个硫原子的杂环化合物用于香料。硫杂环化合物中以噻唑类最为重要,尤其是2-异丙基-4-甲基噻唑(58)和2-异丙基-4-甲基噻唑(59),它们分别具有热带桃子香气和番茄藤香气。4-甲基-5-噻唑乙醇又名硫噻唑(60),广泛应用于乳制品和调味品香料。

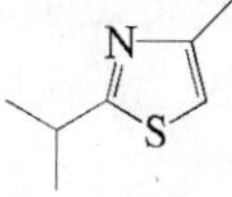

(58) 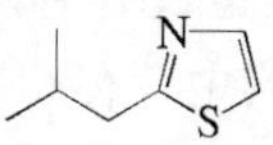　　　　　　　　(59) 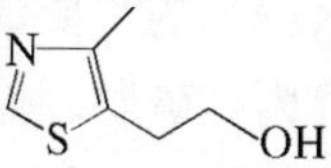　　　　　　　　(60)

1.1.3　硫化物[5]

硫化物的重要性体现在它们具有强烈的香气特征。已知的最强香气化合物是硫化合物,气味阈值低至 10^{-4} ppb。它们是"高冲击力芳香化合物"中最大的一组,即使在极低浓度时也能赋予"特征香气"[6]。

1.1.3.1　硫醇

硫醇一般都具有强烈气味,是香料工业中的先锋。甲基硫醇(61)和 2-甲基-3-呋喃硫醇(62)(MFT)广泛存在于肉类香气中,后者对牛肉香气尤其重要。糠硫醇(63)赋予烘焙咖啡香气。(62)和(63)是半胱氨酸和戊糖梅拉德反应产物。"果味"硫醇包括黑加仑/黑加仑酒香原料 4-甲氧基-2-甲基-2-丁硫醇(64)和硫代薄荷酮(65),以及 1-对孟烯-8-硫醇和葡萄柚硫醇(66)。4-巯基-4-甲基-2-戊酮(67)俗名"猫酮",也存在于葡萄柚和葡萄酒中。

H₃C—SH　　　(61)　　(62)　　(63)　　(64)

(65)　　(66)　　(67)

1.1.3.2　硫醚

二甲基硫醚(68)(简称 DMS)是最简单的硫醚,具有蔬菜、甜玉米香气。硫醚的气味没有硫醇强烈,完全去除微量硫醇是保证硫醚质量的关键,不纯的 DMS 非常难闻。常见的硫醚有丙基硫醚和烯丙基硫醚,尤其是二硫醚和多硫醚。烯丙基二硫醚(69)是大蒜油的主要成分,其他成分绝大部分是多硫醚。洋葱中含有二丙基三硫醚(70)等丙基硫醚。榴莲果实中含有乙基类硫醚,对于不吃榴莲的人来说,会感受到令人不快的、似下水道的气味。

H₃C—S—CH₃　　　(68)　　　(69)　　　(70)

有些硫醇氧化后很容易形成二硫醚,例如 2-甲基-3-呋喃硫醇(62)生成双(2-甲基-3-呋喃基)二硫醚(71)。

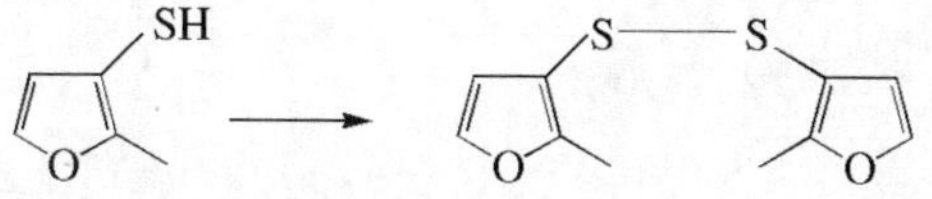

(62)　　　　　　　　　　　(71)

有许多果香硫醚,通常是由 C_6 分子衍生而来的,其中一个氧原子位于硫原子的 3 号位,这种基团存在于"热带水果"香料 2-甲基-4-丙基-1,3-氧硫杂环己烷(72)和 3-甲硫基-1-己醇(73)以及土豆香化合物甲硫基丙醛(74)中。

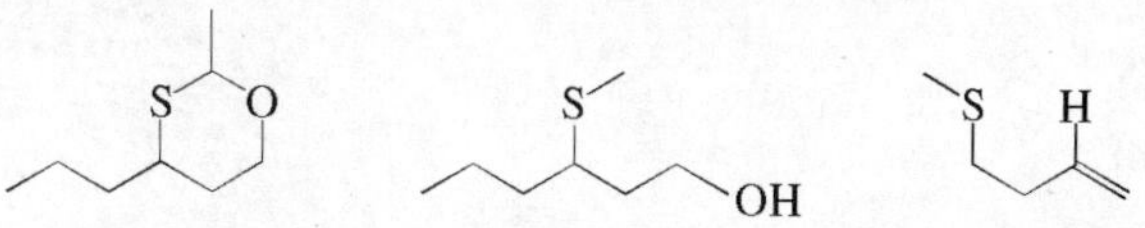

(72)　　　　　　　(73)　　　　　　　(74)

1.2　合　成　香　料

迄今为止,仍有许多重要的香味物质尚未在自然界中被发现。由它们具有相应的天然等同香料所不具备的特性,所以经常被使用,例如,乙基香兰素(75)的香气阈值比香兰素低,更易溶于有机溶剂,更适合用于油性香料,而乙基麦芽酚(76)比麦芽酚香气更强。几种甘草酸酯如杨梅醛(77),俗称 C_{16} 醛,具有浓郁的草莓香气,既可用于香精也可用于香料。

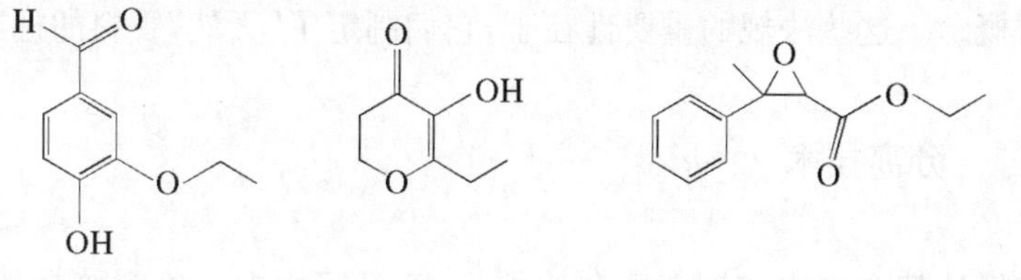

(75)　　　　　　　(76)　　　　　　　(77)

事实证明,合成香料在"感官"领域(具有味觉和嗅觉的分子)具有独特作用[7]。例如,甲酰胺类凉味剂(78)和(79)比薄荷醇(81)的效果更持久。

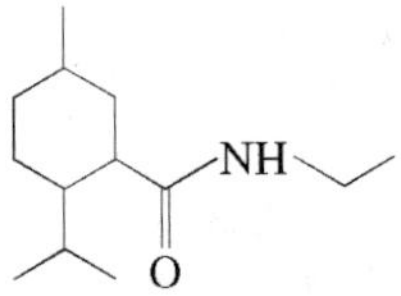

(78) 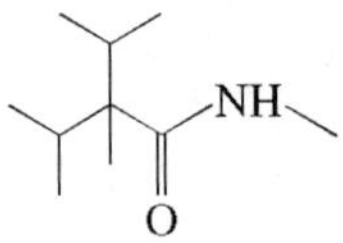   (79)

多年来,在自然界中发现的许多"合成香料",其地位正发生着变化,比如前面提到的猫酮和己酸烯丙基酯,而其他香料则被认为是"合成的",因为在食品中迄今还未被发现。此外,修订后的欧盟法规 EC1334/2008 取消了"合成香料"分类,赋予合成香料新的定义。

1.3 天然香味化合物[8]

"天然"这个看似无害的词,实际上比看上去要复杂得多。从本质上说,"天然"香料是:

① 通过物理方法从人类食物链的原料中获取,即分离技术;

② 天然原料生物转化,即生物技术;

③ 在没有化学试剂或催化剂条件下由天然原料反应制备,即烹饪化学或"软化学"。

这是美国(CFR 21,101.22(a)(3))及欧洲(欧盟法规 EC1334/2008)所作的定义。就香味化合物而言,"天然"是一种营销理念,香料和食品公司的营销部门、超市和其他主要零售商不会改变他们推销"天然即健康"的理念,尤其是那些所谓的"无污染"概念。这些法规的重要性在于,它们制定了"天然"香料的标准。

1.3.1 分离技术

许多精油都含有浓度较高的有效成分,可采用物理方法直接分离生产商业化产品。例如,来自山苍子油中的柠檬醛((34)和(35))、八角茴香油中的茴香脑(80)、桂皮油中的 N-甲基邻氨基苯甲酸甲酯(28)、胡木油中的芳樟醇(9)和薄荷油中的 L-薄荷醇(81)的分离。粗薄荷油经冷却、沉淀分离得到商业化薄荷醇"明亮晶体"。

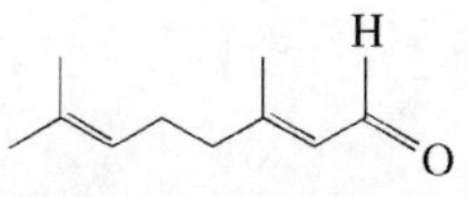

（34） 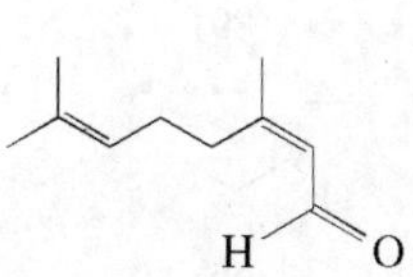　　　　　（35） 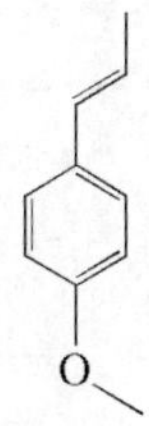　　　　　（80） 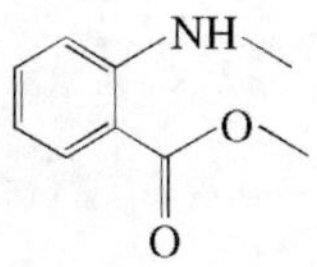　　　　　（28）

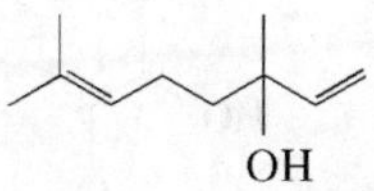

（9） 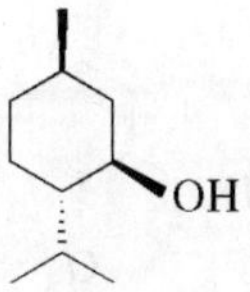　　　　　　　　（81）

如果最终产品的价值足够高并且原料足够便宜,即使该化合物浓度较低,也具有分离价值,例如橙油中的玉米素(82)和葡萄柚油中的诺托酮(83)。

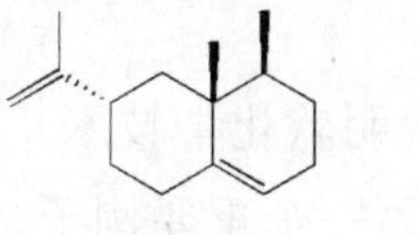

（82） 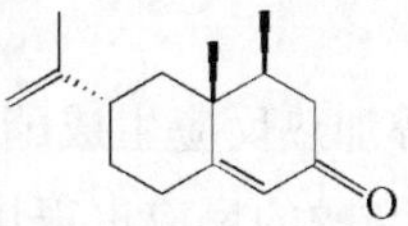　　　　　　　（83）

1.3.2　生物技术

这个现代术语实际上涵盖了人类最古老的爱好之一——酿造技术。酒精发酵,生成乙醇和其他醇类,如异丁醇(84)和异戊醇(85)。后者是杂醇油的主要成分,是烈性酒如白兰地蒸馏后的残留物,它也用于合成吡嗪类香料(87)。

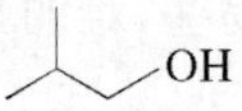

（84） 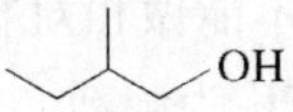　　　（85） 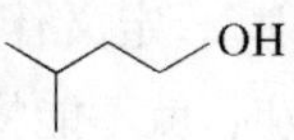　　　（86） 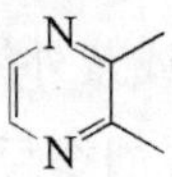　　　（87）

酿造过程中可能会发生醋酸杆菌污染,产生羧酸。γ-内酯类如 γ-癸内酯(88)是利用蓖麻油中的蓖麻油酸生产的;而香兰素(38)则可以利用谷物副产品阿魏酸(90)来生产。

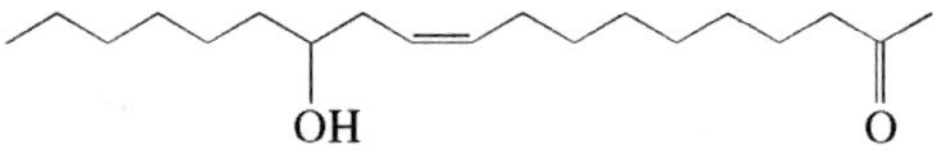

(89)

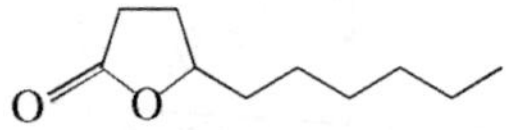

(88)

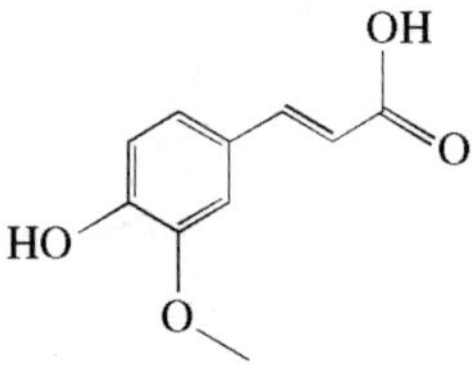

(90)

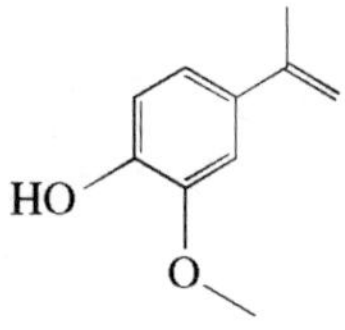

(38)

1.3.3 软化学

下面通过酸与醇加热反应生成酯来说明软化学技术。如果醇的沸点很高,即使不使用催化剂,酸与醇的反应也很快。另一个重要例子是鼠李糖(91)合成2,5-二甲基-4-羟基-3[2H]-呋喃酮(46)。

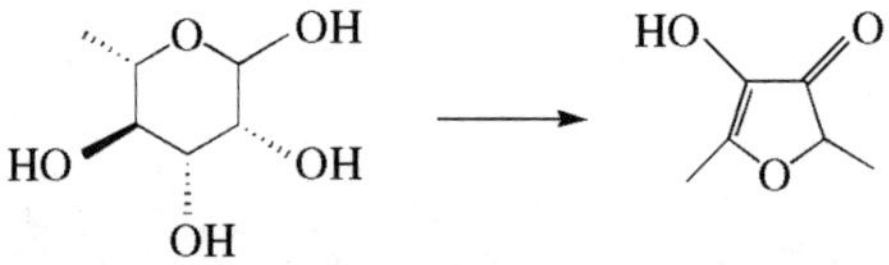

(91)   (46)

软化学在天然香料领域最具争议性。EC1334/2008附录Ⅱ中软化学技术的定义是“传统食品加工技术,不允许使用纯态氧、臭氧、无机催化剂、金属催化剂、有机金属试剂和/或紫外线辐射”。定义什么不能做相对容易些,难的是定义什么可以做,例如,当溶剂参与反应时,就不能将其称为溶剂。

1.4 芳香化合物[9-11]

如上所述,许多芳香化合物既可用于香精也可用于香料。酯类、醛类、杂环化合物以及其他具有浓郁香气的化合物常用于香精。然而,要想克服天然香原料的限制,我们就必须设计合成核心香韵的香味化合物。

1.4.1　麝香类化合物[12]

大部分具有强烈麝香气味的天然化合物是大环麝香酮(92)。自19世纪末以来,天然原料稀缺和大碳环化合物合成困难,促使化学家们开发合成新的化合物。第一个人造麝香是硝基麝香,如在爆炸研究中偶然发现的酮麝香(93)。变色和毒性限制了硝基麝香的使用,从20世纪50年代开始,开发出了多环麝香,它们易于合成,性质稳定,特别适宜于室内使用。其中,最重要的是佳乐麝香(94),其他相关化合物包括吐纳麝香(95)和萨利麝香(96)。这些化合物性质稳定且具有疏水性,广泛应用于纺织品柔顺剂、洗涤剂以及名贵香水中。

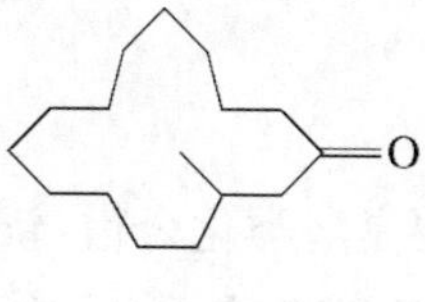

(92) 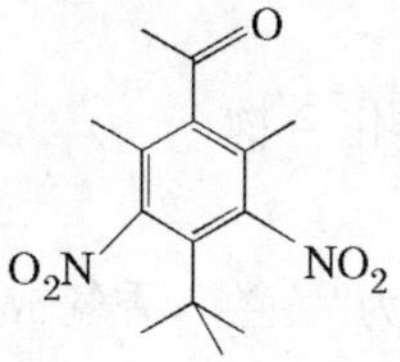　　　　　　　　　　(93)

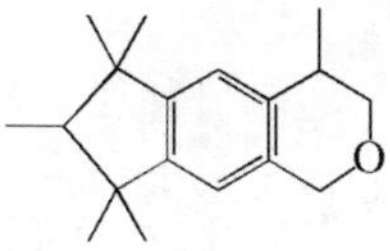

(94) 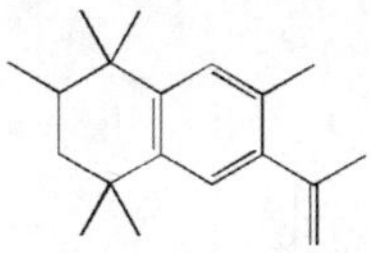　　　　　　　(95) 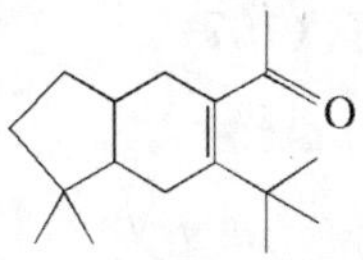　　　　　　(96)

合成方法的进步拓展了大环麝香的实用性。内酯环相对容易合成,多年来环十五内酯以各种名义出售。现在已经有了环十五酮——麝香酮(98)。现代麝香结构,如诺瓦内酯(99),具有天然麝香的香韵且香气阈值低。

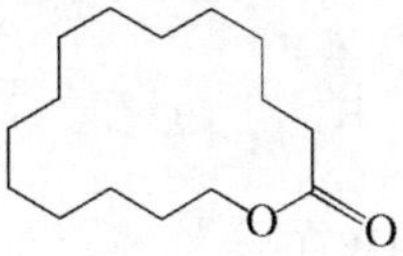

(97) 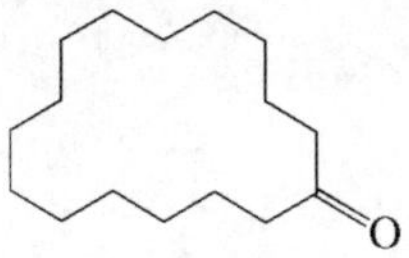　　　　　　　　(98) 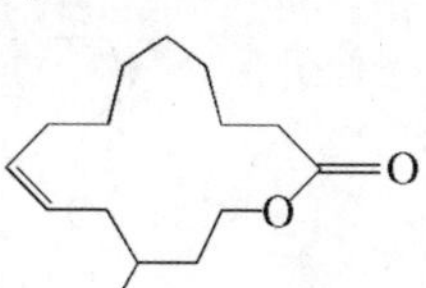　　　　　　　　(99)

1.4.2　龙涎香类化合物

"龙涎"香料,因其与抹香鲸的代谢产物"龙涎香"的香韵相似而得名,"龙涎香"是由于浮游生物造成体表损伤而在鲸鱼胃中分泌的一种病理反应物。这种香料曾经是"捕鲸业"的副产品,但现在只能偶尔在海滩上发现(2006 年在澳大利亚的海滩上发现了一块重达 15 kg 的龙涎香),是一种珍稀香料。龙涎香主要由具有甾体结构的化合物组成,如降龙涎香醚(100)和龙涎缩醛(101)。最近合成出了没有甾体结构的龙涎香分子,如卡拉花醛(102)和香辣醚(103)。

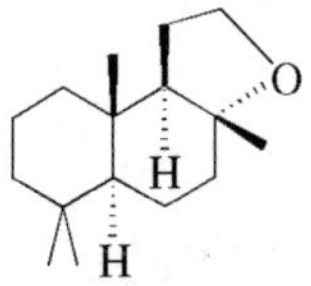

(100) 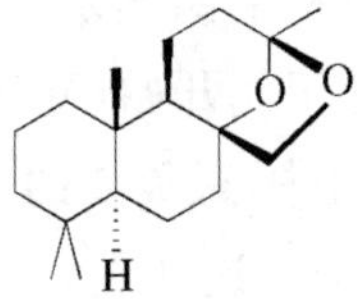　　　　　(101) 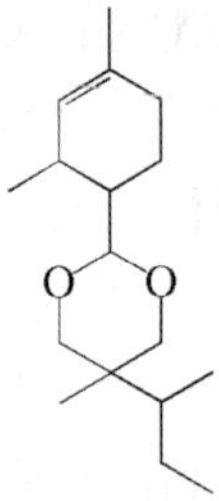　　　　　(102) 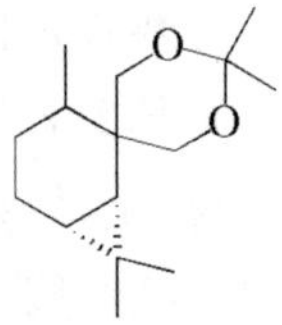　　　　　(103)

1.4.3　花香类化合物

山谷百合,又称为"铃兰",香气成分主要是醛类化合物:新铃兰醛(104)和铃兰醛(105)。二氢茉莉酸甲酯(106)具有浓郁的茉莉香,首次用于迪奥的知名香水——"清新之水"。家用茉莉香水可以使用"价格便宜,香气愉悦"的单体香料,如 α-己基肉桂醛(107)。

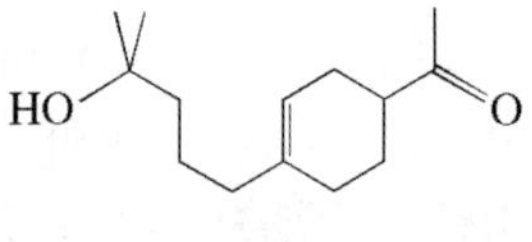

(104) 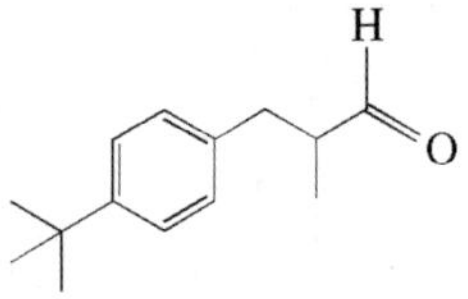　　　　　　　　　　(105)

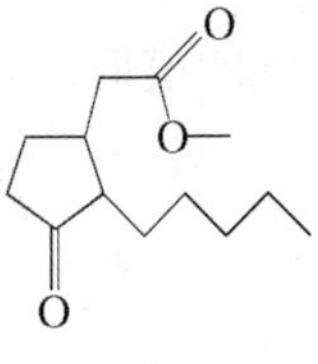

(106) 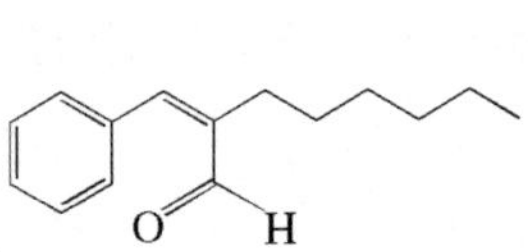　　　　　　　　　　(107)

紫罗兰酮类,如 α-紫罗兰酮(108),是香水中使用的第一个合成香料;随后发现这类化合物也存在于天然植物(如覆盆子)中,也在香料中使用。大马酮类,如 α-大马酮(109),从大马士革玫瑰精油中鉴定出来;Davidoff 合成的类似物王朝酮(110)用于流行香水"冷水"中。

(108)　　　　　　　　(109)　　　　　　　　(110)

1.4.4　木香类化合物

具有木香香韵的化合物有龙涎酮(111)和乔治木(112),大环酮三甲基琥珀酮(113)具有木香和龙涎香香韵。

(111)　　　　　　　　(112)　　　　　　　　(113)

1.4.5　醛类和腈类化合物

使用合成香料的另一个优点是可以解决稳定性问题。醛类容易发生氧化和羟醛缩合反应,特别是家用香料对稳定性要求苛刻。缩醛如 2-甲基十一烷二甲基缩醛(C_{12}醛(114))和腈类化合物如柠檬腈(115)均具有与其"母体"醛相似的结构特征,但性质更稳定。

(114)　　　　　　　　(115)

1.5　天然香原料

1.5.1　香精

天然香原料是香精香料工业和有机化学的基础。精油是指采用简单的物理方法,特别是冷压榨和水蒸汽蒸馏方法,从植物原料中提取的物质。

1.5.1.1 冷压榨——柑橘油

柑橘属植物,包括橙子、柠檬、酸橙、佛手柑、葡萄柚、橘子和柑橘,其果皮中含有腺体,当腺体被压碎后就会释放精油。冷压榨果皮得到油水混合物,这是简单的分离。这些油的主要成分是单萜烃类柠檬烯(116),在橘子油和葡萄柚油中通常占95%,在柠檬油和酸橙油中含量略低。油中的"微量"成分决定其质量,这些微量成分是精油质量的"标志",例如葡萄柚油中的圆柚酮(83)(0.1%~0.4%),柠檬油中的柠檬醛(34)和橙花醛(35)(1%~2%),柑橘油中的 N-甲基邻苯甲酸甲酯(28)(0.3%~0.6%)。应强调的是,精油的质量是其组分的整体表现,而不是标志物的简单相加。

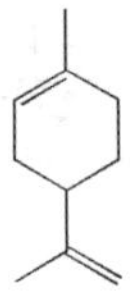

(116) 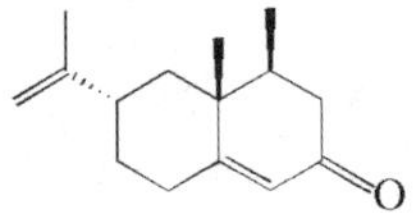   (83)

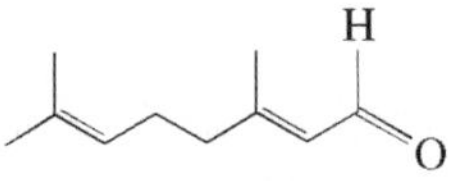

(34) 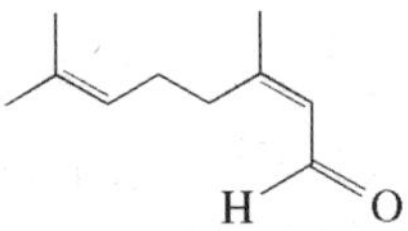   (35) 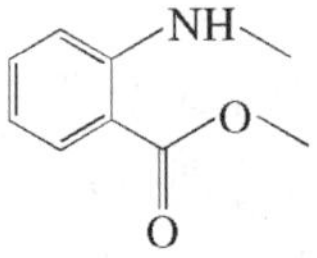   (28)

柑橘果肉精油或油相组分是果汁加工的副产物。为了降低运输成本,果汁需要浓缩,浓缩过程分离出来的油相可以出售或进一步加工。虽然果肉精油的成分与"母体"相似,但它们之间存在一些差异,即果肉油相组分更接近于果汁。最重要的柑橘果肉精油,含有更多的挥发物,如乙醛和丁酸乙酯,比冷榨的柑橘精油含有更高浓度的倍半萜烯(82)。

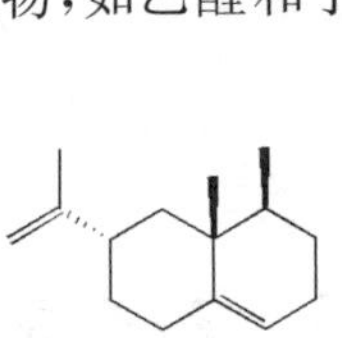

(82)

柑橘油中碳氢化合物含量高,在水中的溶解性差,这是它们应用在软饮料中面临的一个棘手问题。通过包埋可以在一定程度上克服这个问题,精油包埋之前需要蒸馏,去除挥发性单萜类物质,实质就是去除了疏水性强的成分,浓缩了更有价值的香气成分。馏出油可作为溶剂、稀释剂使用,并且由于萜烯类自身具有一定的香味,因此馏出油还可以作为香精香料。例如,在制造 10 倍柑橘油时,每生产 1 kg

"10 倍柑橘油"的同时可以得到 9 kg 柑橘萜烯。

1.5.1.2　水蒸气蒸馏油

大多数植物原料所含的挥发油比柑橘类水果要少得多,通常少于 1%,而这些精油需要通过水蒸气蒸馏方法制备,例如,肉桂、肉桂皮、薄荷、玫瑰和薰衣草。当然,水蒸气蒸馏过程中可能会发生热降解、氧化和水解而导致组分变化。一般来说最好的薰衣草油需要在高海拔地区生产,因为当水沸点较低时,芳樟醇(117)和薰衣草醛乙酸酯(118)等酯的水解会较少。

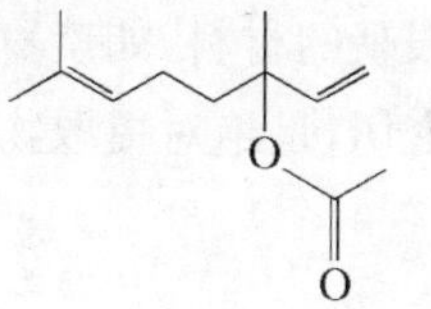

(117) 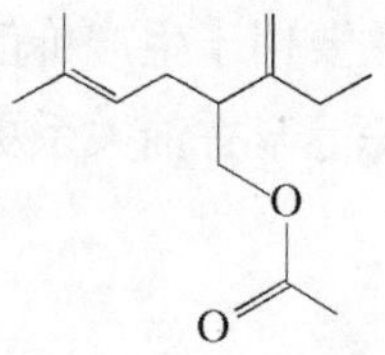　　　　　　(118)

化学变化也可能是有益的。最有价值的酸橙油就是"蒸馏酸橙油",它不是冷榨油的二次蒸馏产物,而是水果浸渍后直接水蒸气蒸馏制备的精油。果汁酸性强,导致碳氢化合物的水解,生成高浓度的 α-松油醇(10)和 1,8-桉叶素(52)。这种油具有清新多汁的香气,与冷榨油的蜡质花香气味形成鲜明对比。

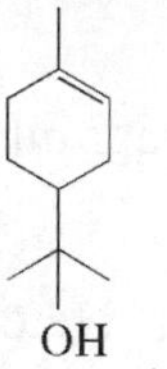

(10) 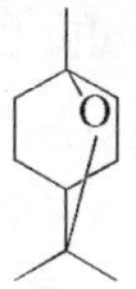　　　　　　(52)

1.5.1.3　关于"掺假"的说明

在过去,尤其是在气相色谱用于日常分析以前,在精油中添加廉价材料生产"减量"油或掺假油更为普遍。到现在这个问题依然存在。如果不使用复杂的同位素分析,在肉桂油中添加一定量的合成香料(例如肉桂醛染料)是不可能被检测到的,更不用说证明了。同样,在已经含有 90% 以上萜烯的柑橘油中添加低比例的萜烯也不容易被检测出来。最终结果只能取决于供应商的信誉度,以及少量常识性判断。消费者本身也是问题的一部分——追求价格低廉的产品是掺假的驱动力。简单地说,如果你想以市场价格的 50% 购买精油,当买到含量 50% 的精油时就不用惊讶。

1.5.2　绝对提取物和其他提取物

最后一部分实际上涵盖了最悠久的香精香料生产方法——将芳香原料加入到有机溶剂中萃取。用非极性溶剂(如己烷)萃取植物材料,然后除去溶剂得到的膏状物。顾名思义,由于植物中存在蜡质、色素和非挥发性物质,因此通常是固体或半固体。采用乙醇萃取,然后去除溶剂后得到绝对提取物,绝对提取物更加可控,在商业上也更为常见。这是一个劳动密集型的生产过程,因此绝对提取物也比大多数油更昂贵,而且主要用于生产价值很高的材料,如紫罗兰花纯精油和橙花纯精油。油树脂与姜、大蒜等辛香油关系更密切,是绝对提取物采用植物油或丙二醇萃取后得到的溶液。

参 考 文 献

[1]　Rowe D J. The Chemistry and Technology of Flavours and Fragrances [M]. Oxford：Blackwell, 2004.

[2]　Teisseire P J. Chemistry of Fragrant Substances [M]. New York：VCH, 1994.

[3]　Zviely M. Aroma Chemicals Ⅱ：Heterocycles [M]//Rowe D J. The Chemistry and Technology of Flavours and Fragrances. Oxford：Blackwell, 2004：85-115.

[4]　Rowe D. Fun with Furans, Chemistry and Biodiversity [J]. 2004, 1：2034-2041.

[5]　Jameson S B. Aroma Chemicals Ⅲ：Sulfurcompounds [M]// Rowe D J. The Chemistry and Technology of Flavours and Fragrances. Oxford：Blackwell, 2004：116-142.

[6]　Rowe D J. High Impact Aroma Chemicals [M]// Swift K. Advances in Flavours and Fragrances：From the Sensation to the Synthesis. Cambridge：Royal Society of Chemistry, 2002：202-236.

[7]　Dewis M L. Molecules of Taste and Sensation [M]// Rowe D J. The Chemistry and Technology of Flavours and Fragrances. Oxford：

Blackwell，2004：199-243.

[8]　Margetts J. Aroma Chemicals Ⅴ：Natural Aroma Chemicals[M]// Rowe
　　　　D J. The Chemistry and Technology of Flavours and Fragrances. Oxford：
　　　　Blackwell，2004：169-198.

[9]　Frater　G，Bajgrowicz　J　A，Kraft　P.　Fragrance　Chemistry［J］.
　　　　Tetrahedron，1998，54：7633-7703.

[10]　Kraft P，Bajgrowicz J A，Denis C，et al. Angew. Chem. Int. Ed.，2000，
　　　　39：2980-3010.

[11]　Sell C. Ingredients for the Modern Perfume Industry[M]// Pybus D，Sell
　　　　C. The Chemistry of Fragrances. Cambridge：Royal Society of
　　　　Chemistry，1999：51-124.

[12]　Kraft P. Aroma Chemicals Ⅳ：Musks[M]// Rowe D J. The Chemistry
　　　　and Technology of Flavours and Fragrances. Oxford：Blackwell，2004：
　　　　143-168.

第2章

样 品 制 备

2.1 引　　言

在香精香料分析领域,直接进样(例如样品不经处理直接进行气相色谱分析)是液体样品常用的分析手段,该方法直接明了、无需进一步解释或讨论。本章重点阐述通过提取挥发成分制备样品,然后采用气相色谱分析。除了介绍一些广泛使用的技术(包括静态/动态顶空、溶剂提取以及溶剂辅助香味蒸发等)外,还将介绍相对新的提取技术,包括固相微萃取、搅拌棒吸附萃取以及聚二甲基硅氧烷泡沫和微管提取等。

由于控制指标和分析样本越来越多,采用快速、准确和自动化的样品制备技术在工业和科研领域十分必要且比较普遍。本节主要介绍聚二甲基硅氧烷(PDMS)相关的产品,这种产品可以简便、快捷地萃取挥发性物质,实现多样本自动化分析。对于 PDMS 的几个基本知识掌握,有助于理解其独特的特性和功能。

2.2 聚二甲基硅氧烷

硅氧烷含有 Si-O-Si 主链,具有有机基团的硅氧烷称为聚有机硅氧烷,其结构如图 2.1 所示。PDMS 具有多种用途:它是橡皮泥的主要组成部分,橡皮泥是婴儿潮一代众所周知的韧性儿童玩具,它也是硅脂和润滑剂、消泡剂、化妆品、护发素和隆胸填充液中的一种材料[1]。PDMS 具有独特的流动(流变)特性。在物体表面上放置几个小时后,PDMS 就会覆盖整个表面,并填满表面上的所有凹陷[2]。聚合物的长度、支链或交联度决定了其黏弹性,在高温下,PDMS 通常类似于非常黏稠的液体,在低温下,则类似于弹性固体。PDMS 广泛用于气相色谱(GC)中的固定相,并且可以在较宽的温度范围($-20\sim320\ ℃$[3])内使用,具有惰性、无毒、不可燃的特点。

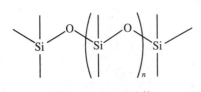

图 2.1　PDMS 结构

疏水性是 PDMS 的另一个重要特性。液态聚合物吸附样品基质(浸入液体或从顶空)中挥发性成分时,它不会明显吸附水分。该方法不需要使用溶剂,因此广泛用于萃取食品、饮料和生物材料中的挥发物和半挥发物。

辛醇-水分配系数(Ko-w)是指在一定温度下达到平衡状态时,化合物在辛醇中的浓度与在水中的浓度之比。$\log P$ 值是指某物质在正辛醇(油)和水中的分配系数比值的对数值。根据辛醇-水分配系数可以预测 PDMS 的萃取能力。通常脂蛋白具有较大的 Ko-w 值,易被 PDMS 吸收[4,5]。

当 PDMS 暴露于有机溶剂,尤其是戊烷和二甲苯时,有机物就会扩散到聚合物中,导致聚合物膨胀[2]。在样品制备化学中使用最多的两个 PDMS 产品是 SPME(Supelco 公司,美国宾夕法尼亚州贝尔方特)和 Twister(罗伯特博世股份有限公司,德国斯图加特费尔巴哈),生产商都建议将 SPME 纤维头或 Twister 直接浸入溶液中萃取。在顶空分析大多数有机溶剂时,会发生溶胀,色谱图出现较大的溶剂峰,从而失去了 PDMS 提取的主要优势。

2.3 静态顶空提取

顶空是指位于密封容器中液相和固相上方的气相。挥发度或给定组分的挥发速率,由亨利常数(气-液分配常数)和蒸气压共同决定。挥发性化合物在气相中的分配受多种因素影响,这些因素相互关联,包括水中的溶解度(亲水性或疏水性)、极性、分析物和溶剂的离子性质、分子量和温度。在静态顶空萃取中,液体和/或固体样品被放置在带有惰性隔垫的密封小瓶中,通常隔垫材料是特氟龙(为了防止挥发物通过吸附粘到表面,或被隔垫材料吸收)。挥发性成分需要在液/固相和气相之间达到平衡。通常通过气密性进样针抽取少量顶空气体,直接注入气相色谱仪进样口。要想优化顶空中化合物的平衡速率和浓度,一个好的经验是:顶空瓶中装入三分之二的样品,从而留下三分之一用于顶空。顶空体积太大,需要更多的时间才能达到平衡状态;体积太小,可能不足以提取分析物且浪费样品。

2.3.1 优点和缺点

静态顶空萃取操作简便、成本低廉,可实现自动化。静态顶空反映了自然状态下的顶空浓度,因此它真实代表挥发性化合物的香气。然而,因为萃取过程中的非平衡条件或批量萃取时挥发物浓度选择性变化,导致这种方法精度差。由于挥发物没有浓缩,因此很难检测出重要的潜在成分。直接顶空进样只能分析含量较高的挥发物[5]。

2.4　动态顶空提取

　　动态顶空萃取,也称为吹扫捕集,不同于静态顶空萃取,顶空中的挥发性化合物通过惰性载气氮气或氦气(有时采用空气,但有氧化风险)连续吹扫进入捕集阱。图 2.2 是典型吹扫捕集装置示意图。捕集结束后,挥发物解吸进行色谱分析。最有效的解吸方法是快速加热。然后惰性气体将解吸后的挥发物携带到 GC 柱上,形成一条紧密的窄带,并用优化的色谱方法分析。也可通过溶剂解吸挥发物,然后采用惰性气流蒸发溶剂,进行色谱分析。

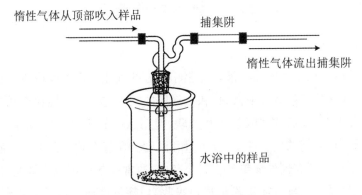

图 2.2　典型动态顶空或吹扫捕集装置示意图

　　捕集阱可能包含一种或多种填料。除了 PDMS 填料,还包括孔径均匀的活性炭和改性活性炭制品。由于 Tenax(2,6-二苯基氧化物聚合物)具有较好的耐热性(上限为 350 ℃)和疏水性,因此常用于捕集阱材料。PDMS 泡沫是一种适用于吹扫捕集的新产品,将在 2.6 节中进一步讨论。

　　用液氮(沸点：-196 ℃)低温冷却,将挥发性物质冷凝到玻璃棉和/或吸附剂材料上,可以提高萃取效率。萃取完成后,捕集阱迅速加热解吸挥发物。

2.4.1　优点

吹扫捕集过程中浓缩样品,因此检测限较低。因为无需考虑与固体有关的混杂平衡变量,因此也可以分析固体。载气连续进入并流出顶空瓶。低温冷却可以增加挥发性强、分子量小的化合物萃取效率。

2.4.2　缺点

吹扫捕集的缺点包括 Tenax 表面积较小和吸附能力较低。该方法有利于萃取非极性组分,对极性化合物的亲和力较低。Reineccius[5] 对 Tenax 的吸附能力和缺点进行了详细讨论。采用冷阱时,含水样品会结冰。因此,必须在载气进入冷阱之前,采用合理技术去除水蒸气。

2.5　固相微萃取

Arthur 和 Pawleszyn[6] 首次利用在熔融石英纤维上的 PDMS 涂层从水溶液中提取分析物,该技术称为固相微萃取(Solid Phase Microestraction,SPME)。手动和自动进样 SPME 装置如图 2.3 所示,程序如图 2.4 所示。Supelco 公司实现了该技术的商业化(贝尔方特,美国宾夕法尼亚州)。

2.5.1　研究现状

自 Pawleszyn 及许多其他研究人员开展开创性研究以来,他们成功地利用 SPME 研究了大量与挥发性和半挥发性成分相关的课题。Marsili[7,8] 不仅在食品和饮料中开展了各种风味研究,还深入研究了乳制品的风味。Rouseff[9,10] 利用 SPME,出版了一系列关于食品和风味的专著,尤其是柑橘类产品。Wright[11-13] 确定了各种食品、饮料和农产品中的关键性香气成分和杂气成分。

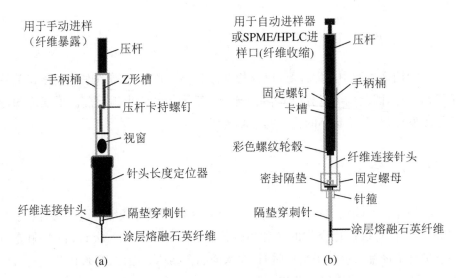

图 2.3　手动(a)和自动(b)固相微萃取装置示意图

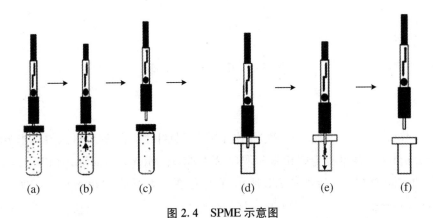

图 2.4　SPME 示意图

(a) 套管穿透隔垫;(b) 纤维暴露并插入样品;(c) 纤维拉入套管并从样品中取出;
(d) 套管插入 GC 进样口;(e) 纤维暴露;(f) 从进样口取出纤维

2.5.2　实例

除了已有的 PDMS 纤维涂层外,为了提高 SPME 萃取能力,还可以采用其他各种涂层,包括碳分子筛、二乙烯苯、聚丙烯酸酯和聚乙二醇(PEG)。

涂层可以是复合材料,也可以是单一材料,或复合材料与单一材料配合使用。生产商建议使用 85 μm 碳分子筛 PDMS 萃取分子量不超过 125 的组分。对于受关注的较大分子量组分,分子极性对萃取效率具有重要影响。极性分子推荐使用聚乙二醇(PEG)、聚丙烯酸酯(PA)和二乙烯基苯/碳分子筛(DVB/Carboxen)[14]。

图 2.5 显示了不同类型纤维头的响应面积,图 2.6 显示了碳分子筛- PDMS 纤维头分析物浓度与面积响应关系。还可以利用不同膜厚的纤维头。较厚的液体聚合物涂层可以负载(吸收)更多的分析物,理论上,可以分析和检测更多的分析物。例如,有三种不同 PDMS 膜厚度的纤维:100 μm、30 μm 和 7 μm。较厚的 100 μm 膜将吸收更多的分析物,但也可能降低分析物的释放效率,尤其是较大分子量半挥

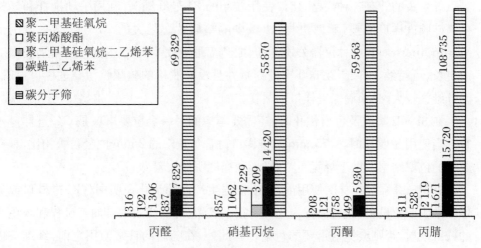

图 2.5 不同纤维类型响应面积 PDMS

(来源:Supelco 公司)

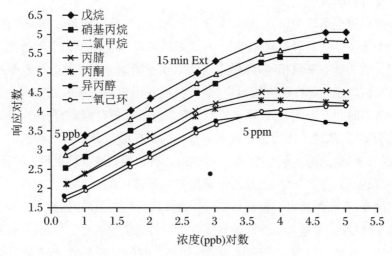

图 2.6 碳分子筛- PDMS 纤维 SPME 浓度与面积相应图

(来源:Supelco 公司)

发物。这可能导致后续分析中色谱峰过载。30 μm 涂层适用于分析半挥发物,涂层 7 μm 纤维头适宜于浸渍萃取分子量大于 250 的半挥发物。

除了最初的熔融石英纤维外,还有一种新型的金属合金纤维。这种新型芯材的优点在于,其耐用性和实用性都得到了提高,可以安装适配目前广泛使用 CTC 自动取样器,该自动取样器能够将纤维头暴露于样品或样品顶空,同时搅拌样品(CTC,Zwingen,瑞士茨温根)。

纤维头的针有各种规格,建议使用较小的 24 号纤维头,利用手动推杆和气相色谱硅胶进样口隔垫,萃取进样,以减少隔垫碎片。稍大的 23 号纤维头适用于 Merlin Microseal(梅林仪器公司,美国加利福尼亚州半月湾)隔垫,该隔垫使用寿命更长(可持续 1 年或 25 000 次进样),并且没有脱落的硅颗粒污染进样口衬管。因纤维头较大,必须确保进样口不漏气。

在 SPME 萃取及色谱优化时,还需要考虑的另一个重要事项是 GC 进样口衬管。当使用 SPME 时,0.75 mm 的进样口衬管与正常的 2 mm 内径衬管相比,具有更好的色谱结果。由于峰宽更窄,峰形和拖尾明显改善。

SPME 纤维头在首次使用前,必须根据生产商的活化说明书(GC 进样口或类似纤维头活化设备)进行活化。这一步很重要,它可以烧毁来自加工过程和环境中的残留杂质,否则会掩盖重要的色谱峰。此外,在随后的日常使用之前,纤维头也需要进行短暂的烘烤,以去除残留挥发物和从实验室大气中吸收的挥发物。定期进行 SPME 空白试验可以确保纤维头上没有污染物,尤其是使用自动进样器进行批量萃取分析时。

在静态顶空萃取中,样本和样本顶空之间的挥发物分配系数是一个限制因素。与传统的静态顶空萃取不同,SPME 的良好效果取决于两个独立的分配系数。第一个与传统的静态萃取相同,即样本与样本顶空间的分配。该分配系数决定了关注组分从液体或固体样品进入顶空的时间,或者说样品在萃取之前需要在密封顶空瓶中放置时间。因此,必须精确控制平衡时间和暴露时间,否则两个样品的顶空浓度就会不同,从而不能确保分析准确性。如果样品组分没有足够的时间在两个相(样品和顶空)之间达到平衡,那么得到的分析物顶空浓度将更低。然而,绝大多数程序都达不到平衡条件,因此需要精确控制暴露时间以保持合理的重复性。需要指出的是,有些措施可以提高顶空分析物浓度,例如提高样品温度以及改变水溶液的离子强度(添加盐)。此外,控制顶空体积约为顶空瓶的三分之一,也可以得到最大的顶空浓度[15]。第二个是样品和纤维头之间的分配系数,该系数决定了纤维头在样品中的暴露时间。

另一个因素是在复杂样品中顶空分析物之间的竞争性吸收。如前所述,顶空成分吸收到 PDMS 中,或吸附到嵌入在 PDMS 上的颗粒,例如,碳分子筛、二乙烯基苯。

2.5.3　优点

由于 SPME 存在双平衡,因此比传统的顶空方法更容易萃取半挥发物。这是因为绝大多数半挥发性分析物一旦出现在顶空中,它们就会很容易被 PDMS 纤维头萃取。大部分分析物保留在纤维头上产生浓缩效应,从而提高回收率(与静态和动态顶空分析相比)。此外,传统的顶空方法可能需要将样品加热到 100 ℃ 以上,而 SPME 通常在 45~70 ℃ 的较低温度下萃取分析物[16]。SPME 非常适用于比较同一产品的样本,确定产品是否掺假,或确定香料或香味的来源。

一旦掌握了 SPME 方法的基本原理,研究人员就能感受到 SPME 在样品快速分析、简便自动化和低成本方面的优势。由于不需要有机溶剂,危废处理的精力和费用就会大大降低,并很容易得到更高准确性和精确性的分析结果。此外,通过创新,也可以进行非常规挥发性物萃取。例如,Payne 等[17]开展了一项全新研究,利用 SPME 直接从口腔中提取挥发物。

2.5.4　缺点

SPME 不可能解决挥发物分析的所有问题。研究人员需要准确地了解某一官能团对比其他官能团的萃取效率。PDMS 对非极性挥发物有更大的亲和力[4],尽管加入碳分子筛以及其他纤维涂层成分,或者改变膜厚度,可以改善这一问题。基于以上讨论,PDMS 提取组分可以采用对数 P 或辛醇-水分配系数模型进行预测。另外,萃取效率由相比(β)确定,其定义如下:

$$\beta = V_{水相} / V_{PDMS相}$$

假设 100 μm PDMS 涂层纤维头含有大约 0.5 μL PDMS,由于涂层纤维头、水相和样品容器玻璃壁之间的竞争,可能会导致非极性挥发物的萃取率变化[4-5]。如果一种分析物的浓度很高,并且吸收相饱和时,在吸收型 PDMS 纤维头上更易发生这种竞争。由于孔位有限,吸附型纤维更容易发生竞争。较高亲和力的分析物可以取代较低亲和力分析物,缩短提取时间可以大大减少这一问题。由于 SPME 不是一种全面的萃取技术,因此很难对复杂混合物进行定量分析。如果需要对含有多种分析物的样品进行定量分析,SPME 可能不是最佳的选择。然而,对于定量一个或一小组特定的分析物,特别是在有内部标准情况下,SPME 是一个理想的方法。

如前所述,PDMS 可能导致样品过剩,尤其是半挥发物含量较高的样品。以前纤维头的耐用性和精密性都存在问题,但随着技术的进步,现在这些问题都有了重大改进。

2.6　搅拌棒吸附萃取

Baltussen 等[18]开发了搅拌棒吸附萃取技术(Stir Bar Sorptive Extraction, SBSE),与 SPME 纤维头相类似,该技术也是采用 PDMS 涂层。Gerstel GmbH 公司利用该技术生产了商业化产品——Gerstel Twister。该搅拌棒包含一根磁化的金属棒内芯,玻璃层覆盖金属棒,PDMS 涂层在玻璃上(图 2.7)。目前有四个不同尺寸规格,从 10 mm 长、500 μL 膜厚、24 μL PDMS 到 20 mm 长、1 000 μm 膜厚、126 μL PDMS。SBSE 的尺寸越大,PDMS 涂层越多,对于大体积样品越有效。与涂有 PDMS 相当的 SPME 纤维头相比,搅拌棒的萃取效率要高出 50~250 倍,溶质检测限可低于 1 ng/L(ppt)[19]。

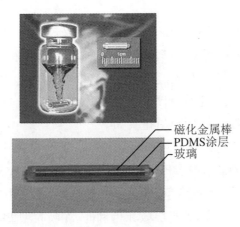

磁化金属棒
PDMS涂层
玻璃

图 2.7　搅拌棒结构

(来源:Gerstel 公司)

2.6.1　研究现状

SBSE 应用广泛,能够从水溶液、食品和饮料中萃取挥发物和半挥发物。许多团队都开展了该项研究,其中 Novotny 团队利用 SBSE 研究化学生态学和生物学[17,18,20];Demyttenaere[21]测定了纯麦威士忌中的挥发物;Kishimoto 测定了啤酒中的萜类化合物[22];León[23]提取了水中半挥发物;Gurbuz 和 Rouseff[24]利用 SBSE 成功提取了葡萄酒挥发物,并用气相色谱/嗅辨仪进行分析;David 和 Sandra[25]发表了一篇搅拌棒吸附萃取综述。

2.6.2　实例

搅拌棒可直接放置到液体样品中,也可用于顶空萃取(也称为顶空吸附萃取)。在后一种方式中,采用 Gerstel 公司生产的开口的玻璃插件,将搅拌棒悬挂在样品上方的顶空中,或在隔垫上插入回形针,搅拌棒和回形针之间的磁吸引力就会使搅拌棒悬浮在样品上方。

与 SPME 类似,搅拌棒在使用前必须按照生产商的操作说明书进行加热活化。萃取后,将搅拌棒手动放入 TDU 管或玻璃解吸衬管中。该解吸过程与 SPME 过程不同,SPME 是将聚合物涂层纤维头插入 GC 高温进样口。搅拌棒上 PDMS 涂层较厚,高温进样口脱附量大、脱附时间长,进入色谱柱之前需要重新聚焦。Gerstel 公司实现了自动化解吸(将搅拌棒放入解吸衬管,并将衬管放置于自动进样器托盘)技术。使用 Gerstel 公司生产的 MPS2 自动进样器时,将含有搅拌棒的解吸衬管放置在 MPS2 的托盘上,托盘上安装有圆柱形玻璃管,可以装载多达 98 个搅拌棒(双托盘有 196 个衬管)。将 MPS2 自动取样器托盘上的衬管转移到搅拌棒解吸装置(TDU)的指定位置,并连接至冷却进样系统(CIS)。CIS 进样口与柱上进样口或分流口位置相同。通过与珀耳帖冷却装置(水-乙醇体系)连接,TDU 被冷却至环境温度以下,然后加热解吸搅拌棒(位于加热的 TDU 内)富集的挥发物。TDU 与包含一个玻璃衬管(内有玻璃棉)的液氮冷却喷射系统(CIS)相连接,通过降温再收集搅拌棒中的解吸组分。将 TDU 中的挥发物冷捕集以后,就可以设置程序升温闪蒸解吸挥发物(CIS 内部衬管中被低温聚焦的成分)。然后以分流或不分流模式将组分转移到色谱柱上进行分离。通过珀尔帖装置可以再次冷却TDU,以减少多次样品分析之间的时间。

2.6.3　优点

搅拌棒经久耐用,其使用寿命与提取介质相关,一般为 50～300 次(PfannkochE)。如前所述,与 SPME 相比,SBSE 含有更多的 PDMS,因此可以萃取更多的挥发物。Loughrin[26]检测了废水中萃取的挥发性成分,发现当挥发物的油-水分配系数(log K_{o-w})大于 1.50 时,PDMS 搅拌棒的吸附性能优于极性 SPME 纤维头。Bicchi[27]采用搅拌棒直接萃取(置于液体中)和搅拌棒顶空萃取法萃取阿拉比卡咖啡中的挥发物,回收率高于 SPME 法。还有一个重要的优点是,该系统使用 Gerstel MPS2 实现了自动化,并且可以连续分析多达 196 个样本。

2.6.4 缺点

目前可用的 SBSE 搅拌棒的涂层材料只有 PDMS。涂层材料有助于搅拌棒吸附强挥发性极性成分。另一个问题是较厚的 PDMS 涂层可能需要充足的烘烤时间解吸所有的挥发物,不定期地进行空白实验以确保没有残留以前样品。需要使用 Twister 全套设备,包括 Gerstel 公司的 TDU、CIS 和 MPS2,投资较大。

2.7 PDMS 泡沫和微管

Gerstel 公司开发了两种新的萃取技术——PDMS 泡沫和微管提取技术,提高了萃取能力。下面进行简要讨论。

2.7.1 PDMS 泡沫

PDMS 不仅可以用于纤维头(SPME)和搅拌棒(SBSE),它还可以加工成泡沫塞形式置于 TDU 管(Gerstel 公司)内,每管含有(85 ± 2.7) mg 的 PDMS 泡沫。该方法装载的 PDMS 质量和表面积最大,可用于动态顶空萃取捕集挥发性成分。解吸采用与搅拌棒具有相同的设备(Gerstel 公司的 MPS2、热解吸装置和冷却进样系统)。含水量高的样品在吹扫和捕集时,水蒸气可能在 TDU 管内凝结,并可能在低温冷却衬管中形成冰塞。该系统的一个优点是:吸附组分在低温重聚焦之前,采用氮气吹扫管并排出水蒸气。Marsili 和 Laskonis[28]构建了一个动态捕集装置(图2.8),通过 PDMS 泡沫管循环空气。循环 5 min 后结果如图 2.9 所示。他们认为,这种萃取技术可以满足绝大部分分析物检测所需的准确度(通过标准校准曲线测定)和精确度。

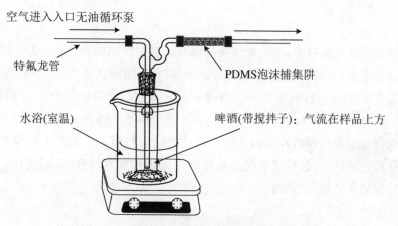

图 2.8 PDMS 泡沫动态捕集啤酒顶空循环萃取装置

（来源：Marsilli Consulting & Gerstel 公司）

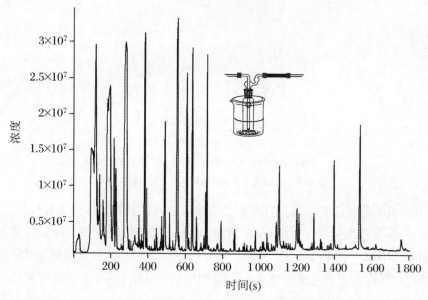

图 2.9 PDMS 泡沫动态循环捕集啤酒顶空分析结果

（来源：Marsilli Consulting & Gerstel 公司）

2.7.2　微管

这是一种全新技术,主要是解决液体直接进样时非挥发性成分的污染问题(缩短色谱柱寿命)。将能够容纳约 $200\ \mu L$ 液体(比正常液体进样体积大)的一次性玻璃微管置于 TDU 管内(图 2.10),并将它们放置到热解吸装置中。如 PDMS 泡沫一节所述,热解吸单元的吹扫和程序升温可以去除水和溶剂的水蒸气以及蒸气,并将浓缩物低温聚焦到内衬管内。然后通过快速加热蒸发内衬管中的挥发物,并将其转移到色谱柱上,这样就不会出现与非挥发物和溶剂过载的相关问题。该方法的明显优势是高效,且适用于多样品分析。

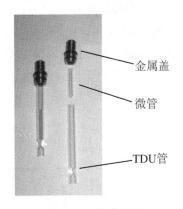

图 2.10　微管组件

(来源:Gerstel 公司)

金属盖上有 O 形密封圈,使 TDU 管保持系统压力。

自动采样器握抓金属盖将微管从托盘转移到 TDU 管

Gerstel 公司已将其完全自动化。将样品注入微管并转移到热解吸装置,然后解吸、分析并移出微管。Pfankoch、Whitecavage 和 Stuff[29]在 $10\ \mu L$ 胡萝卜提取物和溶剂中加入 10 ppb 农药,采用微管分析(图 2.11)。从复杂胡萝卜汁样品和纯净溶剂中萃取的农药色谱图峰面积和峰型相似。分析之后,处理微管和残留的非挥发性物质,将污染降至最低。

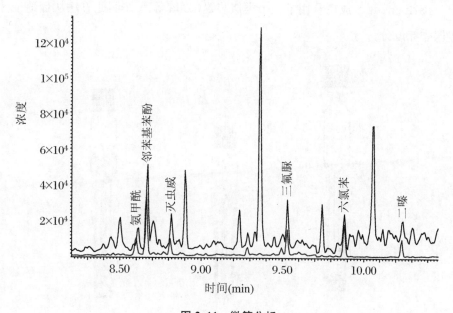

图 2.11 微管分析

（来源：Gerstel 公司）

含量 10 ppb 杀虫剂标样与胡萝卜汁叠加色谱图

2.8 溶剂萃取

溶剂萃取最为简便。将液体或固体样品添加到液体溶剂中，搅拌以确保混合均匀，最后去除溶剂中的不可溶物。然而，影响溶解性的因素很多，包括亲油性、极性、温度、酸碱度、分子量、压力、混合均匀性和时间。下面是一些液体提取方法的简要概述。

2.8.1 液-液萃取

分液漏斗可能是最实用的溶剂萃取工具。将样品加入不混溶液体中，振荡，并去除适当的溶质层。剧烈的混合改进了 MIXXOR（NBS 系统）的传质和分离（图 2.12）。对 MIXXOR 或类似装置处理后的样品进行离心分离，取得了良好效果。Parliament[30]成功利用了一个类似装置,Jella 等[31]按照此方法从葡萄柚汁中提取香味成分。

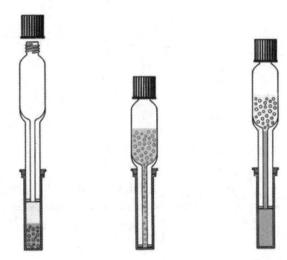

图 2.12   液-液萃取进一步提高 MIXXOR 的分液效率
（来源：Sigma Aldrich）

2.8.2   索氏提取

冷凝器

索氏抽提器

套管

圆底烧瓶

图 2.13   索氏抽提装置

　　索氏提取法是采用液体溶剂萃取固态样品（图 2.13）。将由渗透性类滤纸纤维材料制成的顶部开口的套管放置在索氏提取器内,上方放置冷凝器。将溶剂加入到圆底烧瓶中并用加热套加热。

　　溶剂从圆底烧瓶中蒸发,通过提取器上升,在冷凝器中冷凝,回流到提取器中,并逐渐浸渍套管中的样品。当溶剂体积达到萃取器的临界体积时,设备设计应确保萃取器中的所有溶剂都流回圆底烧瓶,而固体物质则留在套管内。这个过程在几个小时内重复多次,可多次萃取套管中的固体样品。索氏提取非常适合从固体中去除脂类物质,改变溶剂还可以提取其他成分。

2.8.3　溶剂辅助香精蒸发(SAFE)

Engel 等人[32]开发了溶剂辅助香精蒸发方法(图2.14),该方法结合了真空蒸馏、冷捕集和在某些情况下溶剂萃取的方法(固体样品,如爆米花、咖啡或面包皮需要溶剂萃取)。已经证实该方法有效,并且比同时蒸馏萃取(Simultaneous Distillation Exlvaction,SDE)方法更进一步。与采用类似高真空、冷捕集的方法相比,该方法的优势在于其速度更快、更安全、更易维持设定温度。此外,这种提取

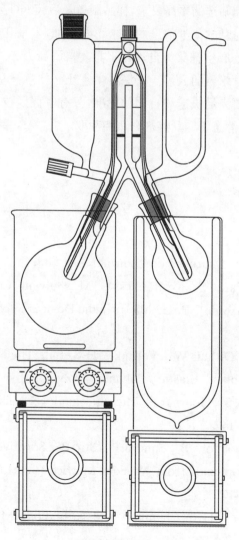

图 2.14　溶剂辅助风味蒸发装置示意图

物可以最大限度地减少异味杂质的形成,香气更为接近真实香气。除了 Engel 的方法外,Werkoff 等人也对该技术进行了很好的阐述[33]。

总结

由于对样品快速筛选的更高要求,样品制备及后续 GC 分离必须自动化,实现多样品分析。随着对基本化学信息的需求不断增加,未来几年将更加频繁地使用 SPME、搅拌棒和动态顶空捕集等自动化工具。科研新人必须能够利用这些技术,才能成为工业界和学术界的人才。资深科学家还必须掌握基础的萃取原理,因为未来的萃取技术需要满足快速和自动化标准,只有掌握了技术原理才能去试验并验证这些方法,包括静态、动态、溶剂和蒸馏萃取。

参 考 文 献

[1] http://www.fluorous.com/journal/? p=86.

[2] Lee J N, Park C, Whitesides G M. Solvent Compatibility of Poly (dimethylsiloxane) -Based Microfluidic Devices[J]. Anal. Chem., 2003, 75: 6544.

[3] Lotters J C, Olthuis W, Veltink P H, et al. The Mechanical Properties of the Rubber Elastic Polymer Polydimethylsiloxane for Sensor Applications[J]. Journal of Micromechanics & Microengineering, 1999, 797(3): 145-147.

[4] David F, Tienpont B, Sandra P. Stir-Bar Sorptive Extraction of Trace Organic Compounds from Aqueous Matrices[J]. LC GC Europe, 2003, 16(7): 410-417.

[5] Reineccius G. Flavor Chemistry and Technology[M]. Boca Raton: CRC Press, 2006: 33-72.

[6] Arthur C L, Pawliszyn J. Solid Phase Microextraction with Thermal

Desorption Using Fused Silica Optical Fibers[J]. Analytical Chemistry, 1990, 62(19): 2145-2148.

[7] Marsili R T . SPME-MS-MVA as an Electronic Nose for the Study of Off-flavors in Milk[J]. J. Agric. Food Chem. , 1999, 47(2): 648-654.

[8] Marsili R. Comparison of Solid Phase Microextraction and Dynamic Headspace Methods for the Gas Chromatographic: Mass Spectrometric Analysis of Light Induced Lipid Oxidation Products in Milk[J]. J. Chrom. Sci. , 1999, 37: 17-23.

[9] Rouseff R L, Cadwallader K R. Headspace Analysis of Foods and Flavors: Theory and Practice[M]. New York: Kleur Publishing , 2001: 212.

[10] Rouseff R, Bazemore R, Goodner K, et al. GC-Olfactometry with Solid Phase Microextraction of Aroma Volatiles from Heated and Unheated Orange Juice[M]// Rouseff R L, Cadwallader K R. Headspace Analysis of Foods and Flavors: Theory and Practice. New York: Plenum, 2000.

[11] Koziel J A, Cai L, Wright D W , et al. Solid-Phase Microextraction as a Novel Air Sampling Technology for Improved, GC-Olfactometry-Based Assessment of Livestock Odors[J]. Journal of Chromatographic Science, 2006(7): 7.

[12] Wright D, et al. Multidimensional Gas Chromatography-Olfactometry for the Identification and Prioritization of Malodors from Confined Animal Feeding Operations [J]. J Agric. Food Chem. , 2005, 53: 8663-8672.

[13] Wright D W, et al. Multidimensional Gas Chromatography-Olfactometry Based Investigations of Odor Quality Issues in Packaging and Consumer Products [C]//Proceedings of TAPPI Conference. Indianapolis, Indiana, USA. 2004.

[14] Shirey R. SPME Newsletter Winter 1999/2000.

[15] Anonymous. Solid Phase Microextraction: Theory and Optimization of Conditions[Z]. Supleco Bulletin, 1998:1-8.

[16] Zhang Z, Pawliszyn J. Headspace Solid Phase Microextraction [J]. Anal. Chem. , 1993, 65: 1843-1852.

[17] Payne R, Labows J, Liu X. Released Oral Malodors Measured by Solid

Phase Microextraction-Gas Chromatography Mass Spectrometry（HS-SPME-GC-MS）[Z]. Proceedings of ACS Flavor Release No. 0841236925. 2000.

[18] Baltussen E，Sandra P，David F，et al. Stir Bar Sorptive Extraction (SBSE)，A Novel Extraction Technique for Aqueous Samples：Theory and Principles[J]. Journal of Microcolumn Separations，1999，11(10)：737-747.

[19] Soini H A，et al. Stir Bar Sorptive Extraction：A New Quantitative and Comprehensive Sampling Technique for Determination of Chemical Signal Profiles from Biological Media[J]. J. Chem. Ecol.，2005，31：377-392.

[20] Soini H，et al. Comparative Investigation of the Volatile Urinary Profiles in Different Phodopus Hamster Species[J]. J. Chem. Ecol.，2005，31：1125-1143.

[21] Demyttenaere J C R，Moriña R，Sandra P. Analysis of Volatiles of Malt Whisky by Solid-phase Microextraction and Stir Bar Sorptive Extraction [J].J. Chrom. A.，2003，985：221-232.

[22] Kishimoto T，Wanikawa A，Kagami N，et al. Analysis of Hop-derived Terpenoids in Beer and Evaluation of Their Behavior Using the Stir Bar-sorptive Extraction Method with GC-MS[J]. Journal of Agricultural & Food Chemistry，2005，53(12)：4701-4707.

[23] León V M，et al. Analysis of 35 Priority Semivolatile Compounds in Water by Stir Bar Sorptive Extraction-thermal Desorption-gas Chromatography-mass Spectrometry. I. Method optimization[J]. J. Chrom. A.，2003，999：91-101.

[24] Gurbuz O，Rouseff，R. Analysis of Aroma Active Compounds in Wine Using Stir Bar Sorptive Extraction with GC-olfactometry[C]. Lake Alfred：Proceedings of the 56th Citrus Processor's Meeting，2005.

[25] David F，Sandra P. Stir Bar Sorptive Extraction for Trace Analysis[J]. J. Chrom. A.，2007，1152：54-69.

[26] Loughrin J. Comparison of Solid-phase Microextraction and Stir Bar Sorptive Extraction for the Quantification of Malodors in Wastewater [J]. J. Agric. Food Chem.，2006，54：3237-3241.

[27] Bicchi C, Iori C, Rubiolo P, et al. Headspace Sorptive Extraction (HSSE), Stir Bar Sorptive Extraction (SBSE), and Solid Phase Microextraction (SPME) Applied to the Analysis of Roasted Arabica Coffee and Coffee Brew[J]. J. Agric. Food Chem. , 2002, 50: 449-459.

[28] Marsili R T , Laskonis L C , Kenaan C . Evaluation of PDMS-Based Extraction Techniques and GC-TOFMS for the Analysis of Off-Flavor Chemicals in Beer[J]. Journal of the American Society of Brewing Chemists, 2007, 65(3): 129-137.

[29] Pfannkoch E A, Whitecavage J A , Stuff J R . Elimination of Non-Volatile Sample Matrix Components After GC Injection using a Thermal Desorber and Microvial Inserts. 2006.

[30] Parliament T H. A New Technique for GLC Sample Preparation Using a Novel Extraction Device[J]. Perfum. Flavor. , 1986, 11: 1-8.

[31] Jella P, Rouseff R, Goodner K, et al. Determination of Key Flavor Components in Methylene Chloride Extracts from Processed Grapefruit Juice[J].J. Agric. Food Chem. , 1998, 46: 242-247.

[32] Engel W, Bahr W, Schieberle P. Solvent Assisted Flavor Evaporation: A New and Versatile Technique for the Careful and Direct Isolation of Aroma Compounds from Complex Food Matrices[J]. Eur. Food Res. Technol. , 1999, 209: 237-241.

[33] Marsili R. Flavor: Fragrance, and Odor Analysis[M]. New York: Marcel Dekker, 2002: 139.

第3章

香精香料原料和成品的
传统分析技术

3.1 引　　言

大多数香味物质来源于动植物,其化学组成和物化特性复杂,一般需要进一步分离。此外,香味活性成分通常是微量成分,需要提取和浓缩,使其浓度达到仪器检测限以上,这一关键步骤的具体细节将在下一章中介绍。分析的目标是从提取物中分离目标组分,并确定其性质(定性分析)或含量(定量分析),然而无论多么复杂的分析流程也不能弥补提取不足。

香精香料企业各部门会根据各自的工作需求使用相应的分析数据。例如,采购决策部门的标准需要建立在原材料符合特定分析标准的基础上,其内容包括:标识、真伪、化学纯度和总体成分。生产部门根据分析信息来控制工艺和评估设备效能。研究部门需要定性定量特定化学物质,判断预期反应是否完全。质量控制部门重点关注的是:确定具有主要香味贡献的化合物香味,以保持香气特征的一致性,并识别偶尔出现的异味。图 3.1 说明了分析化学与香精香料企业各个方面工作的密切联系。

图 3.1　香精香料企业各部门对分析的依赖度

随着分析仪器技术与计算机软、硬件的发展,分析方法的丰富性和复杂性显著增加,其应用也得到了进一步拓展。几乎所有现代仪器都使用计算机来控制仪器分析过程并记录数据,从而实现无人值守的分析自动化。现代分析实验室通常配备一系列能够进行痕量分析的仪器。

香精香料公司的主要目标之一是生产感官特性稳定的高质量产品。过去完全凭经验调香,随着分析技术的发展,调香越来越依赖于化学成分分析。产品全成分分析能力的提高,他促使调味师和调香师提高配方的复杂度,以实现差异性和独创性,从而提高产品竞争力。这通常是通过添加具有显著效果、感官贡献强的成分来实现,且这些成分难以定性和定量。

在分析仪器发展之前,感官评价曾经是评价特定香精香料香味质量及其稳定性的唯一手段。如今它仍然是一个主要的评价方法,感官分析仍然是开发人员或质量控制分析人员的决定性检验环节,但只有仪器分析可以获取客观、可重复和可靠的评价结果。目前,感官分析结合详细的分析信息,对于确定感官特征的细微差异十分有用。

传统的香味分析包括对物理、化学和感官特征的评估。本章主要介绍理化特性分析,感官分析将在第 8 章进行专门讨论。在气相色谱法和液相色谱法之前,经典的方法侧重于基本的物理指标,如色泽和透明度。此外还包括其他一些指标,比如比重、旋光度、折射率等,用于判别精油和其他香原料的真伪。如今,有专门的方法定性定量常见基质中的各种化合物,常见基质包括:生物原料、提取物、顶空气体、成品香精香料、市售饮料等。检测仪器专一性、灵敏度以及自动化程度的提高,实现了评价指标由物理特性向化学特性的转变。

3.2　物理特性评价

产品的各种物理特性对食品和香料行业很重要。一般来说,产品外观、含水量和浓度最重要且检测频率最高。

3.2.1　色泽-光学方法

外观是消费者评价食品和饮料的主要指标之一。产品色泽反映了物料组成,因此色泽是产品的关键指标。色泽检测常用的两种方法:吸光度法和 LAB 色度法。

特定波长的吸光度有时用于颜色深浅的描述,例如,两大知名焦糖色制造商(Sethness Products 公司和 D. D. W. Williamson 公司)均通过 0.1% 浓度溶液的吸光度值表征颜色深浅,只是所使用的波长不同(Sethness Products 为 510 nm 波长,D. D. W. Williamson 为 610 nm 波长)。两家公司均使用色相指数来描述产品的红色色调。色相指数分别为 510 nm 和 610 nm 波长对应吸光度比值对数的 10 倍值[1],其计算公式如下:

$$Hue = 10\lg(A_{510}/A_{610})$$

色度和色相是焦糖色工业产品的主要外观特征。另一个例子是酿酒行业,标准参考法是色泽表征的主要方法之一,其值(SRM)定义为

$$SRM = 12.7 \times D \times A_{430}$$

其中 D 为稀释因子。该方法检测值一般介于 2~70 之间,颜色对应从浅黄色至深棕色。这两个行业是使用吸光度法进行色泽检测的两个实例。

有些公司和研究人员使用特定波长的吸光度法,有些公司和人员则使用 LAB 颜色空间法。Hunter 1948LAB 色彩空间法采用变量 L、a 和 b 来近似模拟人的视力,然而该方法已经多被 CIE 1976LAB 色彩空间法(使用修正 L^*,a^*,b^* 变量)取代,这里的 CIE 是国际照明委员会的缩写[2]。CIE 1976LAB 色彩空间法中的 L 值对应人类对亮度的感知($L^* = 0$ 为黑色,$L^* = 100$ 为白色)。a^* 是表征样品红/绿(即负值为绿色,正值为红色),b^* 表征黄色/蓝色(即负值为蓝色,正值为黄色)。

Minolta CR-400 系列色度计是学术研究和食品香味行业常用的色度计,该仪器是一种便携式手持装置,其通过反射或透射率确定产品的 L、a、b 值。纵览实验室系统历史,亨特实验室系统也是广泛使用的色度计。这些系统均可以提供有关成分或最终产品颜色的分析数据。值得注意的是,无论是使用分光计测量特定波长的吸光度值还是使用色度计测定 L、a、b 值,对于产品质量控制、研究以及产品开发都具有重要意义,但不代表消费者的接受程度。感官分析(第 8 章)才是确定消费者接受程度的关键。

3.2.2 浊度

颜色是食品质量的关键指标,而浊度(即澄清度)则是判定饮料质量的重要因素[3]。产品澄清度的要求因产品而异,甚至在同一系列内的产品要求也不相同。例如,一些果汁要求是澄清的且消费者也很关注这点(例如苹果汁和葡萄汁),而另一些产品则相反(如橙汁)。其他例子包括茶和咖啡,不同的品牌有不同的浊度范围:从清澈到浑浊。浊度是通过样品的光散射强度来表征的,该方法使用浊度计测量浊度(其单位为 NTU)。浊度测试使用的仪器相对便宜且快速(几分钟即可完成测试)。

3.2.3　水活度

水活度是产品的一个重要物理特性。水活度(a_w)是测量样品中水的能量状态,它没有单位,通常被描述为系统中的自由水。此描述用于解释:相同的水分含量,不同的水活度;或相同的水活度,不同的水分含量。例如,含水量12%的意大利面水活度为0.5,而含水量为10%的轧制燕麦的水活度可能为0.7。水活度在食品工业中如此重要的原因之一是:水活度达到一定的值时微生物才会生长。例如,如果水活度在0.9以下,一些霉菌无法生长,大多数霉菌生长水活度需要达到0.8以上,水活度低于0.6将抑制所有微生物的生长[4]。水活度的测定主要有两种方法:冷镜法和电容法。冷镜法使用镜子将水冷却,直至形成露水,并用光学传感器检测。电容法设备使用两块有高分子薄膜的带电板,设备价格在2 000美元左右,该方法可以在几分钟内测定出样品的水活度。

3.2.4　含水量

样品的含水量是香料另一个常用的检测指标。测定水分含量的方法很多,主要为干燥失重法,其可利用烘箱或类似台式仪器检测。烘箱通常较便宜,一次可以干燥多个样品,但耗时较长,且多为手动测量(在样品干燥前后必须对样品进行称重)。此外,对于易分解或焦化的样品,烘箱法需要通过使用顶部配备自动水分分析仪的设备加以处理。现代水分测定典型仪器具有多种方法,以匹配不同类型的样品,且每一种方法可进一步优化以缩短干燥时间。此外,还使用一些处理单元对初步数据进行分析,以得到干燥终点数据,这样可提高分析效率并预防样品的分解或碳化。水分仪的价格在2 000美元到20 000美元之间,这取决于天平的精度或是否采用微波快速加热。

3.2.4.1　卡尔费休法

干燥失重法虽然是最常用的水分测定方法,但其他的一些方法也会被采用,其中最典型的是卡尔费休法。卡尔费休滴定法是以德国化学家卡尔命名的水分测定方法,该方法于1935年建立[5]。卡尔费休滴定法的优点是仅对水特异响应,避免了样品挥发性成分在干燥过程中的损失。该方法的精密度、准确度以及灵敏性均较高,也适合于低水分含量样品的水分测定。卡尔费休滴定法要使用酒精、碱、二氧化硫和碘等试剂,其测定的反应原理如下:

$$CH_3OH + SO_2 + C_3H_4N_2 \longrightarrow (C_3H_4N_2 \cdot H) \cdot SO_3CH_3$$

$$(C_3H_4N_2 \cdot H) \cdot SO_3CH_3 + 2 \cdot C_3H_4N_2 + I_2 + H_2O \longrightarrow$$

$$(C_3H_4N_2 \cdot H) \cdot SO_4CH_3 + 2(C_3H_4N_2 \cdot H)I$$

在现代实验室中,卡尔费休法最常使用自动测试系统,该设备价格约为 10 000 美元。

3.2.4.2 水分测定间接方法

干燥失重法和卡尔费休法是水分测定的两种主要经典方法,除此之外还有一些其他的间接方法。其中一种方法是测定样品的水活度,再间接得到水分含量,该方法被认为是间接方法是因为其前提是水分含量和水活度存在相关性,且每一种产品均需要测定二者间的关系,即意味着新产品必须重新建立水分含量和水活度的相关性。若二者为负相关,则单次测定即可确定水分含量和水活度。另一间接方法为近红外光谱法。与利用水活度间接测定水分含量类似,必须提前获取近红外光谱和水分含量间的校准公式。相比其他方法,近红外光谱法的仪器成本较高。

3.2.5 旋光度

旋光度是香料常用质量鉴别指标。其检测原理是:平面偏振光通过溶液将发生顺时针或逆时针旋转,测量这种光学旋转有助于确定溶液中化合物的浓度和特性[6]。因此,这是一个相当常见的香味香精香料分析方法,以判断产品浓度和特性是否符合生产厂家提供的规格范围。测量旋光度的仪器的售价约为 10 000 美元。

3.2.6 比重

比重或相对密度,是一种物质的密度与标准参考物质的比值,参考物质通常是水。确定密度测量值的温度必须明确规定。参考物质的常用温度为 4 ℃,因为在 4 ℃ 条件下,水的密度为 1.00 g/mL,相对密度值等于样品密度值。密度和/或比重都是用来确定产品纯度的属性。测定比重和密度有很多方法,最简单但可能最不准确的方法是用量筒测量体积并称重,以确定液体的密度。更准确的方法是使用容量瓶代替量筒,但该方法并非没有问题,特别是对于黏性流体。比重瓶是测量比重的专用玻璃器皿,它是一种带有盖子的小容器,盖子上有一个小孔,使容器能够被填满,且多余的液体从小孔流出,然后分别称量样品和水,以确定样品比重。还有一些专业仪器可以确定密度和比重。此外还有几千美元的手持设备以及更精确、但更昂贵的台式机。

3.2.7　折射率

折射率是衡量光速降低程度的指标。当光从一种介质传递到另一种介质时，光将改变方向，在两种介质中光速差越大，折射角度越大[7]。可用手持式或台式折射计测量透射比或反射比，获得折射率。折射率是物质的固有属性，常用于产品的纯度检测，特别是在 QA/QC（质量保证/质量控制）工作中最常用。折射率也是溶液浓度测定的方法之一，折射率随溶液浓度变化，二者间的关系可用于溶液浓度的检测。现代折射计将自动应用二者的定量关系，并取代许多其他的分析物浓度测定方法。例如：乙醇含量、高果糖玉米糖浆（hfcs）、盐度和最常见的白利度（蔗糖浓度）。白利度被许多业内人士用于多种产品浓度的测定，其中一些产品根本不含蔗糖。例如，茶和咖啡固含量的测量。对于蔗糖溶液，50%白利度即表示 50%的固含量（或 50%水分含量）；然而对于 50%白利度茶和咖啡，其固含量则约为 40%（水分含量约为 60%）。当对于检测结果准确度要求不高时，比如，茶和咖啡行业多年以来一直使用该方法进行稳定性控制，因此其不太可能被取代。

3.2.8　糖/可溶性固体

白利度用于描述溶液中蔗糖的含量，果汁、葡萄酒以及其他一些类似行业也常用该指标[8]。白利度通常通过测量与蔗糖含量相关的物理性质得到，这种物理性质包括：密度、比重、折射率或红外振动波长，这意味着任何溶液都可以进行白利度测定，即使溶液中的蔗糖很少或没有。起初人们认为该方法似乎是一种错误的方法，但事实并非如此。随着溶质浓度的增加，折射率将发生改变，这将提供一个明显的白利度读数，该读数则直接或间接与溶质的实际浓度（可通过干燥或水分百分比分析确定）有关。然而，使用折射率来测定白利度是基于一个重要假设：样品必须是溶液。若有悬浮固体沉降在仪器棱镜上会对测量造成干扰。利用密度和比重可以解决悬浮物在棱镜上沉降的问题，也可以解决悬浮物能否被正确计量的问题。若溶液为悬浊液，密度很有可能会不均一，然而对于多数化合物，这种影响都十分微小，大概在实验误差范围内。显著影响密度的化合物对溶液的体积影响也大，但这种状况通常是特例。糖有红外特征吸收，在糖的特定红外吸收波长下其他溶质无红外吸收。

3.2.9 黏度

虽然许多物理性质可用于描述产品品质,但对于产品加工来说,黏度是一个比较重要的性质。如果黏度过高,许多泵和其他设备将无法工作。黏度是衡量产品流动性的指标[9],黏度越低,产品就越容易流动。黏度可以用玻璃或台式密度计来测量,其单位为厘泊。这些只是对黏度的浅显解释,本书仅对黏度进行描述,若黏度对产品十分重要的话,还需进一步的研究。

3.3 仪 器 分 析

如今,适用于香精香料化学分析的仪器分析技术种类繁多,分析技术的选择主要考虑:想要获取什么样的信息以及有哪些分析技术可用。纯净物的分析不同于混合物,此外,挥发性、溶解性和颗粒大小等物理状态也限制某些分析技术的应用。气相色谱法和液相色谱法将是本节讨论的主要分离技术,主要鉴定技术包括最常用的两种物质鉴定技术:质谱和核磁共振(NMR)。

3.3.1 分离技术

3.3.1.1 气相色谱

虽然色谱种类繁多,但高分辨率的毛细管气相色谱法是目前分离挥发性香味物质的主要技术。良好的分离十分困难,但它却是准确定性的前提。通常香原料样品中含有数百种成分且浓度范围很广,因此采用该技术分离洗脱组分数据中会增加一些额外的未知数据,并且定性的可信度降低,甚至会导致定性错误。

3.3.1.2 气相色谱保留时间

挥发性化合物从气相色谱柱末端洗脱出来所需的时间是该物质及其与固定相相互作用力大小的表征。该时间是载气流速、柱长和柱温箱温度等GC(气相色谱)参数的函数,它被称为洗脱或保留时间。尽管保留时间是每种挥发性物质的特征参数,但由于许多化合物的保留时间相同,因此保留时间并不可作为唯一的定性测量值,GC 主要是一种分离技术,而非鉴定技术。尽管色谱保留时间在早期文献中被用作定性技术,但它已不再是普遍认可的方法。为了减少共洗脱挥发物的数量,可用不同类型固定相的色谱柱来检测同一化合物的不同保留时间。如果不同固定相的色谱柱中,标准物质和未知组分的保留时间相同,那么它们很可能是相同物质,但这也不是绝对的。

3.3.1.3　标准保留指数

GC 中的变量太多,因此测量绝对保留时间意义不大,而且色谱柱性能往往随时间和使用次数增加而变化,所以难以完全重复。为了实现更加统一的保留行为,相对保留时间系统(目标化合物与一系列标准物质保留时间的相对值)应运而生,应用该系统可比较不同色谱柱长度和载气流量的相关数据。但需要强调的是:每个系统只对相同固定相色谱柱有效,不能直接用于其他固定相的色谱柱。20 世纪 50 年代后期,欧文·科夫使用一系列直链烷烃开发了第一个系统[10]。该系统运行一系列 $C_5 \sim C_{25}$ 的直链烷烃,其中每个烷烃的赋值为碳原子数乘以 100。每种新的挥发性物质介于两个相邻的烷烃中间而得到一个新值。该系统建立在恒温系统的基础上,由于大多数香精香料样品的挥发性分布范围广,目前 GC 分析很少使用恒温程序,所以该系统适用性较差。该方法经修正后也适用于程序升温[11],对于在程序升温条件下获取的值("保留指数"或"线性保留指数")取代了"kovats 指数"。如图 3.2 所示,在 DB-5 柱上分离出辛醇。在这种情况下,辛醇在癸烷(C_{10})和十一烷(C_{11})之间洗脱。其 LRI 值可使用色谱报告中的保留时间计算,其一般方程如下:

$$LRI = 100\left(\frac{Rt(兴趣峰) - Rt(前烷烃)}{Rt(后烷烃) - Rt(前烷烃)} + \sharp C(前烷烃)\right)$$

对于图 3.2 所示的辛醇其 LRI 值为

$$LRI = 100\left(\frac{9.22 - 7.77}{9.82 - 7.77} + 10\right) = 1\,071$$

3.3.1.4　气相色谱进样

气相色谱进样一般分为溶剂型和无溶剂型。早期的色谱研究主要采用液体进样,溶剂通常用于从基质中提取目标化合物,然后通过去除溶剂浓缩目标化合物。液体进样提取能准确指导进样量大小(不分流模式)。与无溶剂进样相比,液体进样简单、可靠、自动化成本低。液体进样的主要缺点是:一方面,它经常将低挥发性物质引入色谱柱;另一方面,进样次数过多会降低色谱性能。解决该问题的办法是:在浓缩和进样前使用蒸馏/冷凝或传统柱色谱法来纯化提取物。此外,所选溶剂的沸点必须比最易挥发目标组分至少低20℃。最常用的溶剂是戊烷、乙醚或二者的混合物,因为它们的沸点相对较低,且在室温下为液体。液体进样的另一个主要缺点是:溶剂峰大,容易与那些仅弱保留的挥发物一起洗脱出来,导致无法对这些化合物进行分析。

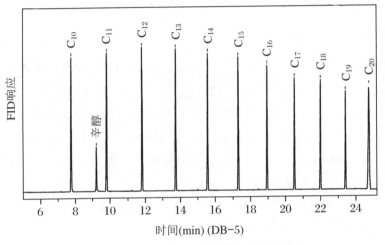

(a) 在30 m 5%苯基甲基聚硅氧烷柱上分离

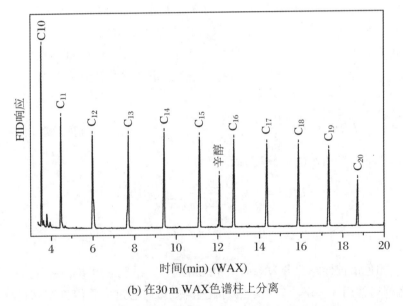

(b) 在30 m WAX色谱柱上分离

图 3.2　烷烃系列标准与辛醇在不同色谱柱上的分离状况

无溶剂进样技术包括:顶空注入、吹扫捕集与固相微萃取(由 Janusz Pawleszyn 开发)[12]。其中,随着标准 GC 注射器的使用、注射装置简化且相对便宜,SPME 变得越来越流行。SPME 在样品制备中已作描述,具体细节可查看前一章节。所有无溶剂进样都能检测出通常在液体进样方式下被溶剂峰所掩盖的高挥发性成分。SPME 的缺点是纤维易碎且容易断裂。此外,由于吸附量与时间、温度和基质有关,因此很难进行定量。将已知量的标准物质加入到基质中是定量复杂基质样品中特定挥发物的推荐方法。

3.3.1.5　GC 柱(固定相)

毛细管气相色谱分离柱的种类很多,常用色谱柱见表 3.1。5% 苯基甲基聚硅氧烷柱可能是最广泛使用的固定相。相比其他色谱柱,有更多的标准保留指数值。与 100% 甲基聚硅氧烷极性色谱柱相比,5% 苯基甲基聚硅氧烷柱分离能力略强。它被广泛使用的另一个原因是:它具有合理、可重现的保留指数值,这便于将检测数据与文献值进行比较。

表 3.1　毛细管色谱柱常用固定相

固定相名称	温度范围 (℃)	应用范围	商品名
甲基聚硅氧烷	50~325	非极性化合物,低选择性,通过升高沸点分离,热稳定性好	DB-1,SE-30,OV-1,OV-101,HP-1,RTx-1
5% 苯基甲基聚硅氧烷	50~325	应用最广的固定相,最适合非极性化合物,与甲基聚硅氧烷类似但选择性好、机械性能好、热稳定性好	DB-5,SE-54,OV-23,HP-5,RTx-5
50% 苯基甲基聚硅氧烷	40~325	最适合于高沸点黄酮、香豆素和类固醇;由于较高的苯基含量而增加了选择性;良好的热稳定性	DB-17,OV-17,HP-17,RTx-17
聚乙二醇	20~260	最适合于含氧极性化合物,对含氧降解产物敏感	Carbowax 20M,DB-Wax,Stabilwax,BP-20,HP-20M,AT-Wax
游离脂肪酸	20~260	适用于脂肪酸和脂肪酸甲酯;良好热稳定性且对含氧降解产物敏感	OV-351,HP-FFAP,SP-1000,AT-1000
多孔二氧化硅或改性氧化铝或多孔 DVB	80~300	适用于气体及低分子量碳氢化合物	Gas　Pro,　GC-PLOT,HP-PLOT

聚乙二醇色谱柱/游离脂肪酸柱对含氧挥发物(极性更强)的分离效果最好。由于含氧化合物比萜烯类碳氢化合物的香气活性强,香味化学家通常对含氧挥发物更感兴趣。但与甲基聚硅氧烷柱(如 DB-1 和 DB-5)相比,该类型色谱柱的保留指数值往往更依赖于涂层厚度、柱温梯度和进样时间。因此,尽管该类型色谱柱也常用,但其保留指数值与文献值可比性较差。

当需要分离强挥发性芳香活性化合物(如硫化氢或甲硫醇)时,香味分析人员更感兴趣的是多孔层填充柱(通常称为 PLOT 柱)。如表 3.1 所示,该类型柱的填料很多。PLOT 柱具有厚的多孔材料涂层,可保留强挥发性组分。涂层由选择性吸附强挥发性气体的微粒材料组成,然而它们具有高度的保留性,不适用于分离含有低挥发性化合物的样品。这些色谱柱的温度范围很大,可以洗脱高保留值的物质,但由于先前的进样而导致的污染或背景水平升高的可能性会相当高。这些柱子最适合用于顶空分析。

图 3.3 所示为炼油厂气体样品的分离示例。色谱图显示了 PLOT 色谱柱分离高挥发性成分的能力,其可分离挥发性强的硫化氢、甲硫醇和二硫化碳。

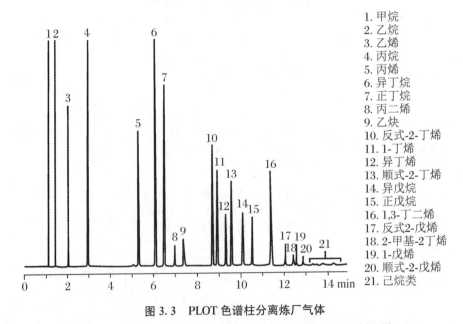

1. 甲烷
2. 乙烷
3. 乙烯
4. 丙烷
5. 丙烯
6. 异丁烷
7. 正丁烷
8. 丙二烯
9. 乙炔
10. 反式-2-丁烯
11. 1-丁烯
12. 异丁烯
13. 顺式-2-丁烯
14. 异戊烷
15. 正戊烷
16. 1,3-丁二烯
17. 反式2-戊烯
18. 2-甲基-2丁烯
19. 1-戊烯
20. 顺式-2-戊烯
21. 己烷类

图 3.3　PLOT 色谱柱分离炼厂气体

柱长 50 m,0.53 mm 内径 10 μm Rt Ⓒ-Alumina BOND/Na$_2$SO$_4$ 填料厚度,

8.0 psi 的氢气载气压力,FID 检测器,程序升温:45 ℃(保持 1 min),然后以 10 ℃/s 升温至 200 ℃

3.3.1.6 GC 检测器

色谱系统中通常使用的检测器有两种基本类型:对大多数或所有挥发物作出响应的通用质量型(FID)检测器和针对特定挥发物的选择性检测器。质量检测器一般包括常见的 FID 检测器和总离子流(TIC)、MS 检测器(MS 扫描),如表 3.2 所示。通用质量检测器主要是确定柱负载、量化最高浓度的挥发物。在复杂样品分析工作中,共洗脱是最主要的问题,通常选用选择性检测器,选择性检测器只对目标化合物有响应,并且不需要色谱分离目标化合物的所有干扰物,除非干扰挥发物的浓度过高且影响到选择性检测器的正常工作。例如,荧光猝灭的光学系统,如pfpd 或分子离子反应质谱的 SIM 模式。选择性检测器通常比通用质量检测器具有更高的灵敏度(较低的检测限)。表 3.2 中列出了分析中最常用的检测器,尽管这些检测器是按线性范围递减排列的,但在分析过程中灵敏度也同样重要甚至更加重要。人的鼻子是一个高度敏感的检测器,但其检测限与仪器难以匹配。在某些情况下,人的鼻子比最好的分析检测器更灵敏,例如在分辨含硫甲基化(熟土豆)及氯化苯酚、2,4,6-三氯苯酚、TCA(霉变)等。

表 3.2 常用 GC 检测器特征比较

名称	类型	选择性	检测限	线性范围
FID	通用质量型	在空气-氢气混合火焰中可离子化的挥发物	5 pg C/s	$>10^7$
NPD	选择性	N,P	0.4 pg N/s,0.2 pg P/s	10^6
PFPD	选择性	主要 P,S	0.1 pg S/s	10^5
全扫描模式 MS	通用质量型	大多数的有机挥发物	10 ng	10^5
选择性离子扫描模式 MS	选择性	特定质荷比离子	10 pg	15
ECD	选择性	主要含卤化合物	~0.1 pg Cl/s	10^4
FPD	选择性	主要含 P 和 S 化合物	20 pg S/s	10^3
AES	选择性	大多数元素	0.9 pg P/s、0.1~1 ng、特定元素	10^3

图 3.4 所示的为硫特异检测器与更通用的碳 PFPD 检测器的比较,对三种重要的咖啡挥发物通过硫特异检测器进行分离和定量,其中包括咖啡特征化合物:2-呋喃硫醇(A)。图中上部分为硫特异检测器谱图,下部分为通用的碳检测器谱图。

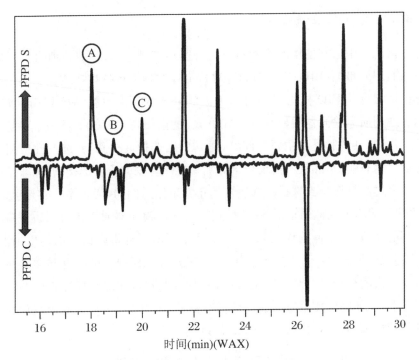

图 3.4　硫特异响应和碳特异响应检测器检测的研磨咖啡香味成分

A＝2-糠醛硫醇,B＝甲硫醇,C＝糠醛甲硫醚 30 m×0.32 mm 内径 WAX 柱,
升温程序:以 3 ℃/min 从 60 ℃提高至 180 ℃,并保持 5 min

3.3.2　定性鉴定技术

3.3.2.1　保留指数法

每种挥发性化合物通过不同固定相的色谱柱流出所需的时间是该物质和固定相的特征,但不是唯一的特征,因为许多化合物具有非常相似或相同的保留时间,将此时间确定为保留指数不会减少具有相同保留时间的化合物数量,这时需要在不同类型色谱柱上进行两次测试才能对未知物进行定性,将未知物与标准样品进行匹配比较。通常,匹配过程是采用类似 DB-5 色谱柱和 WAX 色谱柱,如图 3.2(a)和(b)所示,该图是辛醇检测的结果,在图 3.2(a)中,辛醇在非极性 DB-5 柱上的癸烷(C_{10})和十一烷(C_{11})之间洗脱,*LRI* 值为 1 071,当在极性 WAX 柱上分离具有一定极性的辛醇时,它被更强地保留,在 C_{15} 和 C_{16} 之间洗脱出来,*LRI* 值为 1 565。如果待测未知物在 DB-5 色谱柱上具有类似于 1 070 的

LRI 值,这表明未知的峰有可能是辛醇,但并不能确认,因为许多其他化合物也有类似的 *LRI* 值,如果该未知物在 WAX 柱上的 *LRI* 值也为 1 565,则其很可能是辛醇。

在实际分析过程中,通常将未知物保留指数与在相同条件下测试的标准品进行比较来定性。然而,大多数分析工作者不可能掌握已知存在的数千种挥发物,更不用说测试了。这就使得标准化合物表及其 *LRI* 值变得更有价值,因为它们可以减少待测试标准品的数量。需要指出的是:这些表中的 *LRI* 值是相似的,但很少完全一致。例如,在 DB-5 柱上,样品辛醇的 *LRI* 值为 1 071,这与 Reading University 网站提供的 1 066 和 1 078、Pherobase 网站提供的 1 070 以及 Florida 网站提供的 1 068 相近。一般情况下,可以首先选择 DB-5 色谱柱上获取的 *LRI* 值进行初步识别,因为它的 *LRI* 波动性远小于 WAX 柱,然后可在同一 WAX 柱上比较辛醇标准,并最终定性。

LRI 数据也可以在书本中找到,但这些纸质数据成本高昂且大部分已经绝版,或者使用了不常用的色谱固定相。相比较而言,数据库是免费的,随时可用,而且检索数据的速度要快得多。这些书也列为可能的参考资料,见表 3.3。

表 3.3　*LRI* 数据库

书
Adams, R. P. (1995) Identification of Essential Oil Components By Gas Chromatography/Mass Spectroscopy, Allured Publishing Corporation, Carol Stream, Ⅱ, USA.
Jennings, W. and Shibamoto, T. (1980) Quantitative Analysis of Flavor and Fragrance Volatile by Glass Capillary Column Gas Chromatography, Academic Press, New York, USA.
Sadtler Research Laboratories (1984) The Sadtler Standard Gas Chromatography Retention Index Library, Sadtler Research Laboratories, Philadelphia, PA, USA.

网站	
名称	地址
Reading University-LRI and Odour Database	http://www.odour.org.uk/information.html
Cornell-Flavonet	http://www.flavornet.org/flavornet.html
The Pherobase	http://www.pherobase.com/database/kovats/kovats-index.php
University of Florida-Citrus Database	http:www.crec.ifas.ufl.edu/rouseff

3.3.2.2 GC-MS

气相色谱-质谱法是将高分辨率毛细管气相色谱分离能力与质谱定性能力相结合的一种仪器方法。这种组合是分析复杂混合物的有力工具,也是现代分析实验室中必不可少的仪器。它的工作原理是将挥发性物质轰击成可预测大小和丰度的离子。分子中最弱的化学键是分子最易断键形成离子的地方,最常见的电离方式是使用电子轰击(EI),大约为 70 eV 能量,当挥发物从毛细管气相色谱的末端洗脱时,这股高能电子流将其碎裂,形成离子,聚焦并输送到质谱仪,质谱仪根据离子的质荷比(m/z)对离子进行分类,每种质量的离子数被计数并显示为每种质量的柱状图,称为质谱图,它是每个分子的特征谱。质谱图可以与其他质谱库进行比较,质谱库可以是自行建立,也可以有商业来源,如威利出版社(John Wiley & Sons, Inc.)和国家标准与技术研究所(NIST)。不幸的是,这些库是为环境、医院和法医实验室而创建的,它们的大部分内容对香味分析人员来说几乎没有什么价值,威利出版社最近推出了一个香料库,解决了这个问题。此外,Allured Publishing 有一个主要基于离子阱 MS 的小型精油质谱库。

基于现代计算机的模式识别程序将获得的频谱与其数据库中的频谱进行匹配,匹配数据库中找到的那些标识,并列出匹配度最高的谱图。但由于某些化合物(尤其是萜烯)具有非常相似的谱图,错误识别仍是不可避免的,因此,保留指数值也被用来确定目标色谱峰的组成,Allured Publishing 精油质谱库就包括每种挥发性物质的 DB-5 保留指数(LRI)值。从 2005 年开始,NIST 库也收录了一些主要色谱固定相挥发物的保留指数,但不是全部挥发物的保留指数,质谱碎片和 LRI 值与标准谱库的匹配被认为是可靠的识别模式。如果只有谱库和文献 LRI 值匹配,则通常认为该识别只是暂时的。

3.3.2.3 MS/MS

图 3.5 为葡萄果汁提取物 TIC 图的一部分,它显示了许多香味样品的复杂性和广泛的浓度范围。有趣的是,标有 46 的小峰是具有强 GC/MS-TIC 香气峰的香兰素,其 TIC 峰很小,难以分辨。

通常,当需要提高灵敏度和选择性时,会采用选择性离子扫描(SIM)模式。与传统的 $25\sim300\,m/z$ 扫描范围不同,SIM 模式下 MS 仅设置为一个或两个定性离子,这样 MS 仅收集所选定性离子信号,灵敏度就增加了千百倍。然而至关重要的是,所选定性离子必须具有特征性,并且尽可能独特,因为灵敏度的提高意味着失去全谱识别。如果收集到至少两个特征离子,则可以将未知物质特征离子丰度与标准谱库进行比较,如果基本一致则可定性。

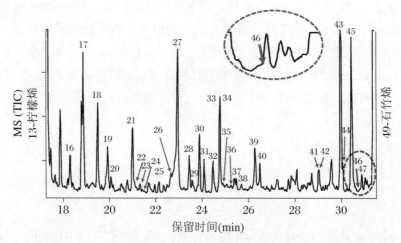

图 3.5　柚子汁色谱区的 GC/MS-TIC 色谱(柠檬烯与石竹烯之间)

放大插图中标记的 46 的肩峰为香兰素峰

　　GC/MS/MS 由于成本因素没有被广泛使用。在串联质谱中,一级质谱起到了过滤器的作用,只允许目标物的单个质量(通常是分子离子,m+)进入到二级质谱,它在进入二级质谱之前被电离,并且可以获得目标化合物的全质谱图。图 3.6 所示的为从葡萄柚汁中提取的香兰素的全质谱图。对比图 3.5 和图 3.6 可以看出,使用 MS/MS 检测可以缩短运行时间,色谱分离不需要很好,因为一级质谱可

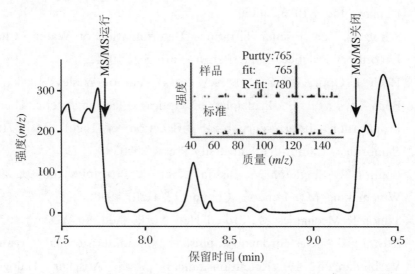

图 3.6　使用 $m/z = 123$ 进行的柚子汁中香兰素的选择性 MS/MS 定性和定量[13]

以过滤掉目标化合物质量之外的所有物质。以香兰素为例,一级质谱设置为 152 (分子离子)。然后,仅以 MS/MS 模式记录该质量的碎片。可以看出,由于一级质谱的过滤作用,基线急剧下降。通过将图 3.6 中 8.3 min 处的峰的光谱与标准香兰素的光谱进行比较,可确定其为香兰素。LC/MS/MS 是一种非常强大的分离技术,可以缩短分析时间,提高灵敏度和选择性。缺点是仪器成本更高,而且 MS/MS 谱库与标准 GC/MS 谱库有所不同,故所有谱库必须自行创建。

参 考 文 献

[1]   Linner R T. Caramel Color: A New Method of Determining Its Color Hue and Tinctorial Power[C]. Proceedings of the Society of Soft Drink Technologists Annual Meeting,1970:63-72.

[2]   Schanda J. Colorimetry[M]. New York: Wiley & Sons, Inc. , 2007.

[3]   Nielsen D M, Nielsen G L. Ground-water Sampling[M]// Nielsen D M. Practical Handbook of Environmental Site Characterization and Ground-Water Monitoring. Boca Raton: CRC Press. USA, 2006: 959-1112.

[4]   Fennema O R. Food Chemistry [M]. 2nd ed. New York: Marcell Dekker, Inc. , 1985: 46-50.

[5]   Scholz E. Karl Fischer Titration: Determination of Water (Chemical Laboratory Practice) [M]. Berlin: Springer, 1984.

[6]   Hecht E. Optics[M]. 3rd ed. New York: Addison-Wesley, 1998.

[7]   Born M, Wolf E. Principles of Optics: Electromagnetic Theory of Propagation, Interference and Diffraction of Light [M]. 7th ed. Cambridge: Cambridge University Press, 2000.

[8]   Boulton R, Singleton V, Bisson L, et al. Principles and Practices of Winemaking[M]. London: Chapman & Hall, 1996.

[9]   Symon K. Mechanics[M]. 3rd ed. New York: Addison-Wesley, 1971.

[10]   Kovats E. Gas-chromatographische Charakterisierung Organischer Verbindungen. 1. Retentionsindices Aliph Atischer Halogenide, Alkohole, Aldehyde und Ketone [J]. Helv. Chim. Acta, 1958, 41: 1915-1932.

[11] Vandendool H，Kratz P D. A Generalization of Retention Index System Including Linear Temperature Programmed Gas-liquid Partition Chromatography[J]. J. Chromatogr. ，1963，11：463.

[12] Arthur C L，Pawliszyn J. Solid Phase Microextraction with Thermal Desorption Using Fused Silica Optical Fibers[J]. Anal. Chem. ，1990，62：2145-2148.

[13] Goodner K L，Jella P，Rouseff R L. Determination of Vanillin in Orange，Grapefruit，Tangerine，Lemon，and Lime Juices Using Gc-olfactometry and gc-ms/ms[J]. J. Agric. Food Chem. ，2000，48：2882-2886.

第4章

气相色谱/嗅辨仪联用技术

4.1 引　　言

气相色谱/嗅辨仪联用技术(GC/O)是将气相色谱(GC)的分离能力与人类鼻子的专一选择性和灵敏性相结合的技术。气相色谱是一门相对成熟的技术,在过去的50年里,已经出版了很多介绍这一技术的优秀著作。本章将主要讨论GC/O在嗅觉测定方面的应用。GC/O方法可直接测定复杂的挥发性混合物中具有香气活力的成分。尽管色谱工作者早期在气相色谱分析过程中发现了特定的气味,但直到1964年,才有人提议由专业人员评价气相色谱分离洗脱的芳香化合物[1]。尽管GC/O可以确定哪些挥发物具有或者不具有香气活力,但应该清楚的是,GC/O结果并不能指出这些具有香气活力的化合物之间或与食物基质之间如何相互作用。通常通过比较2~3种不同类型毛细管气相色谱柱的保留行为和感官描述就可以初步鉴定这些香气活力化合物,即将真实标准的保留时间和感官特征与初步鉴别的挥发物的保留时间和感官特征相比较。在某些情况下,质谱分析也被用作鉴定确认工具。使用GC/O正确鉴定香气挥发物的最低要求最近公布[2],本章也将对此进行详细讨论。

FID和MS检测器都是常用的质量检测器,因此无论是FID还是MS检测的传统色谱图,都能看出食品中哪些挥发物的浓度最高。令人遗憾的是,FID或TIC色谱图通常不能代表食品的香气特征,因为大多数香气活力化合物都具有活力强和浓度低的特点,几乎不产生FID或MS响应,而其他化合物虽然浓度高,香气活力却很低或没有。人类的鼻子是一种高选择性和高灵敏度的"检测器",其理论气味检测极限约为10^{-19} mol[3],因此它是确定香气活力的首选"检测器"。由于鼻子对许多化合物的检测限比大多数仪器检测器低,因此常常需要对样品进行浓缩,以便于用仪器鉴定特定的挥发物。

4.2 香气评价员的筛选与培训

许多早期的GC/O测试在进行时,只有一名训练有素的香气评价员(有时称为嗅辨员），但现在认为至少需要两到三名嗅辨员。多名嗅辨员可以弥补个体阈值差异，并消除或至少最小化个体嗅觉缺失问题。然而，迄今还没有一个普遍接受的GC/O 嗅辨小组成员的培训方案，并且关于评价员培训的作用也存在相互矛盾的报道[4-6]。Friedrich 及其同事[7] 建议，一套标准的 40 种香味成分就足以涵盖所有香气类别。通常，采用一套含有 10～20 种的香气活性化合物标准品用于培训，小组成员需要反复评价标准品，直到他们能够对关注的香气化合物做出一致反应。那些无法嗅辨出或不能一致地（重复性）嗅辨到某些样品化合物的人员不能作为嗅辨员。除非以前有过感官或 GC/O 经验，否则嗅辨员应至少训练 3～6 周。然而，也有一些其他形式的 GC/O 方法，比如使用 10～12 个未经训练的嗅辨员的检测频率法。该技术的隐性假设是，评价小组成员的香气阈值呈正态分布，并且他们能够熟练表达香气响应。

4.3　感官术语

感官评价员对 GC 柱上洗脱的香气挥发物进行描述，可以作为单一香气挥发物鉴定的有用信息。通常，研究人员会大量借用在香气感官评价中制定的术语。小组成员对香气物质的初步描述是基于评价员的经验。通常根据先前评价过的食物或其他挥发性物质来描述化合物。

为了香气术语的标准化，也曾开展了一些尝试，然而由于嗅觉感受器的基因差异，人们对某种东西的气味常常有不同的感受，这就使问题变得复杂。在 GC/O 实践中开发了两种基本方法：一种是固定选择法，首先运行几个 GC/O 建立描述符列表，所有后续响应都必须从该列表中选择；另一种是自由选择法，这种方法考虑到感官评价员之间的差异，允许在描述符上有更大的灵活性。第二种方法不需要评价员对感知到的香气在描述上达成一致，因此不像固定列表法需要大量培训。然而，由于评价员对相同的香气使用了不同的描述符，因此对最终数据的解释更加困难。通常，解决描述差异的唯一方法是重新使用一个标准（提供可以识别的信息），并询问评价员是否与样本中感受到的香气相同。

固定选择法的数据解释很少含糊不清，因为评价员必须选定特定的描述符。当样品复杂、香气成分洗脱快、色谱峰彼此距离很近时，这种强制性选择有时会让评价员手忙脚乱，评价员会因在描述符列表中选择，而错过下一个香气成分。

4.4 气相色谱/嗅辨仪简介

多种气相色谱/嗅辨仪(简称嗅辨仪)已被设计、开发用于评价气相色谱柱末端洗脱的香气挥发物。有些是整体独立销售(例如,Gerstel 公司,SGE 公司),其他的则是分开出售。它们的共同设计特点是:可将湿空气混合到气相色谱柱的洗脱物中。有些设计还可以混合中性气体,以改变气体混合物冲击评价员鼻子时的总体速度。一项研究表明,随着整体气体流速的增加,香气检测的准确度也得到了提高[8]。然而,该研究采用了一种特殊的嗅辨设计,这种设计可能适用于其他嗅辨仪,也可能不适用。加湿空气的目的是冷却从气相色谱柱烘箱流出的高温气体(高达 250 ℃),防止评价员在嗅辨过程中鼻腔脱水。在不同的设计中,冷却的湿空气的相对量差异很大。嗅辨仪设计的另一个不同点是:鼻腔与湿空气加入点之间的距离。有些设计中,湿空气直接添加到距离评价员鼻腔只有几厘米的嗅杯,而其他的设计则是湿空气加入点距离鼻腔超过 50 cm。最后一个可能更重要的设计要素是:色谱柱的末端与评价员鼻子之间的距离。这一距离将会影响到 GC 洗脱物在评价之前的混合程度。在一些设计中,这个距离是 2 cm。另一些设计使用 FID 检测器的元件,将流出物引入一个直径为 1 cm、长约 80 cm 的传输管线中,管线中是快速流动的加湿气流。

使用 GC/嗅辨仪时,需要考虑的一个重要因素是评价员在感官评价时的相对舒适度。一个通用的经验方法是调整色谱条件,评价时间不超过 30 min。有些设计要求评价员站立在 GC 的附近位置,但这些位置因为身体不适会分散评价员对香气评价的专注度。在理想情况下,评价员应该坐在一个舒适的位置,以便他们能够保持清醒并将注意力完全集中在气味检测和描述上。

4.5 注意事项

在气相色谱/嗅辨仪领域,有几个注意事项为经验丰富的工作者所熟知,但对于刚刚进入这一领域的新人来说并不清楚。首先,GC/O 单元应该位于人流量低的区域,以尽量减少对评价员的干扰。其次,仪器应远离任何食品配制/烹饪区域,如微波炉或厨房,应放置在一个单独的房间,并配备活性炭过滤器通风,与周围的房间相比处于正压力。最后,在评价 GC 色谱峰香气的时候,评估人员不应使用古龙水、香味除臭剂或发胶等。在嗅辨评价之前,评价员应在至少 1 h 内没有食用或饮用过调味饮料。其中许多建议与常见的感官训练相同。

4.6 气相色谱/嗅辨技术的类型

为鉴定食品中的呈香化合物,研究人员已经开发了四种不同的 GC/O 技术,包括:稀释分析法、时间-强度法、检测频率法和峰后强度法。

4.6.1 稀释分析法

这是最悠久且最流行的 GC/O 方法。它通过逐步稀释来确定香气活性挥发物的相对强度,通常为 1∶2 或 1∶3 的系列稀释比例。从浓度最高的样品开始,依次稀释样品,每次稀释后重新嗅辨,直到没有气味为止。稀释的样品应随机呈现,以避免因预先知道样品而导致偏差。香气活性化合物可检测到的最高稀释倍数称为稀释值或稀释因子值(FD 值)。例如,将原始的香气提取液按 1∶2 系列(两份中一份是溶剂)稀释,直到第 6 次稀释时才无法检测到所关注的气味,此时稀释值为 $2^5 = 32$。所有形式的稀释分析都要求用某种方法浓缩香气挥发物。其中,溶剂萃取法是用于提取和浓缩这种类型的 GC/O 香气挥发物最常用的方法。

美国和德国的研究小组开发了两种略有差异的稀释技术:Acree 等人[9] 的 Charm 分析和 Grosch 等人的香气提取物稀释分析(AEDA)[10,11]。两种方法都是基于气味检测阈值,而不是基于超阈值水平刺激强度的心理估计。两种方法的不同之处在于,Charm 分析将稀释值和气味反应持续时间进行综合与求和,而 AEDA 只确定最大稀释值。Charm 分析需要特定的软件和计算机,而 AEDA 只需要纸和笔就可以完成,这也许是它被广泛使用的原因之一。

在 y 轴上绘制最大稀释值,在 x 轴上绘制保留时间(或保留指数),可以得到

AEDA 香气图。图 4.1 展示了新鲜制备的爆米花[12]提取物中香气成分 AEDA 香气示意图。该方法已被用于测定许多食品中呈香活性化合物,包括(但不限于)葡萄柚汁[13]、绿茶、红茶[14]、奶酪[15]和咖啡[16]。

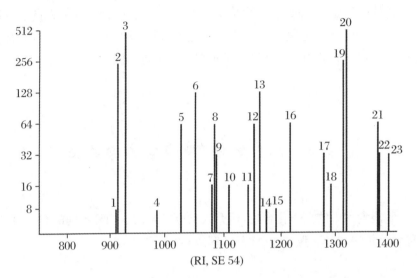

图 4.1   新鲜爆米花提取物的气味稀释因子(FD)色谱图

1. 蛋氨酸,2. 2-糠基硫醇,3. 2-乙酰基-1-吡咯啉,4. 1-辛烯-2 酮,5. 2-丙酰基-1-吡咯啉,
6. 2-乙酰四氢吡啶,7. 呋喃酮,8. 3-乙基-2,5-二甲基吡嗪,9. 愈创木酚,10. 未知,
11. 2-乙酰基四氢吡啶,12. (Z)-2-壬烯醛,13. 2,3-二乙基-5-甲基吡嗪,14. 未知,
15. 2,4-壬烯醛,16. (E,E)-2,4-壬二烯醛,17. 未知,18. (E,Z)-2,4-癸二烯醛,
19. 4-乙烯基-2-甲氧基苯酚,20. (E,E)-2,4-癸二醛,
21. 4,5-环氧-(E)-2-癸二醛,22. (E)-β-大马烯酮,23. 香兰素[12]

在 Charm 分析中,当嗅辨员感知到嗅辨仪气流中的气味时,他们会按下鼠标按钮并持续一段时间,此时能够感受到某种特定的气味。当不再感知到气味时,嗅辨员放开鼠标按钮,并在预先确定的感官描述符列表中指出气味特征。嗅辨员必须经过培训,并且已经开发和掌握了适量的术语或描述符列表。

将单个嗅辨的开始时间和时长相结合并绘制成图表,生成具有峰值和积分峰面积(Charm 值)的香气图,用于量化香气强度。Charm 值可以根据公式 $c = d^{n-1}$ 计算,其中 n 为重合响应信号的数量,d 为稀释因子[17]。图 4.2 显示了 Charm 香气的理想结构。将系列稀释的所有样品产生的时间-稀释强度叠加在一起生成的累积响应色谱图就是 Charm 香气图(参见图 4.2)。

为了使峰面积和化合物的含量成比例,必须使用式(4.1)和式(4.2)中所示的算法转换累积响应:

$$dv = F^{n-1}di \tag{4.1}$$

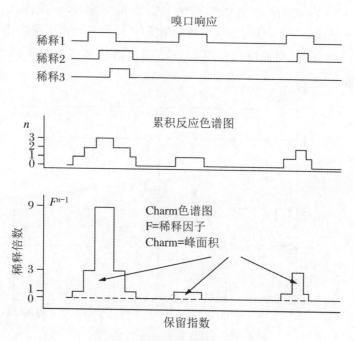

图 4.2　Charm 色谱图的构建[17]

$$\text{Charm} = \int_{\text{peak}} \mathrm{d}v \tag{4.2}$$

其中 $\mathrm{d}v$ 是稀释倍数(即在特定稀释液变得无味之前的稀释次数)，F 是用于制备稀释系列的稀释因子，n 是在特定色谱洗脱时间产生方形块系列中的稀释次数，$\mathrm{d}i$ 是响应时间或保留指数。软件程序利用式(4.1)组合来自多次嗅辨的数据以生成色谱图；利用式(4.2)将色谱图整合到峰的区域中，以产生每个香气活性峰的 Charm 值。

Charm 分析已被用于各种食品、饮料和香料中的香气活性化合物的测定，如：咖啡[18,19]、贮藏煮熟的土豆[20]、香菜[21]、啤酒[22]和柑橘皮油[23]。

4.6.2　时间-强度法

McDaniel 及其同事[24-26]开发了一种基于心理物理定律的时间-强度 GC/O 法，称为 OSME(源自希腊词汇:气味)。心理物理嗅辨行为最普遍的代表是 Stevens 定律[27,28]。Stevens 认为，化合物的气味强度(I)随着其浓度(C)的增加而增加，正比于浓度与阈值差值的 n 次方:

$$I = k(C - T)^n \tag{4.3}$$

其中 T 为化合物的阈值，k 为比例常数。此外，根据 Stevens 定律，两种不同的化合物在相同浓度（C）下，具有非常接近的阈值（T），但显示出不同的指数（n），则可以提供不同的个体气味强度（I）（图 4.3），从而在香味体系中贡献不同的香气强度和香气质量。

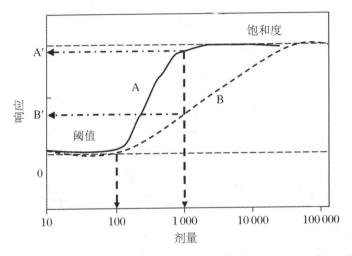

图 4.3　阈值相同但剂量响应行为不同的两种物质的史蒂文斯定律剂量反应曲线

10 倍浓度下，A^1 和 B^1 的反应明显不同，即使它们具有相同的气味活性值（OAVs）

　　OSME 方法与 Charm 分析和 AEDA 的不同之处在于，它只对单一浓度的提取物进行评估，不评价系列稀释样品。因此，OSME 不是基于香气阈值检测，而是基于感知到的香气强度。OSME 或时间-强度法是基于在嗅辨可感知到的每个化合物的气味随着时间变化的强度。评价员滑动一个可变电阻作为感知强度的函数，同时描述洗脱化合物的香气。训练有素的嗅辨员使用电子时间-强度计量装置（15 cm 标度，0＝无，7＝中等，15＝最强）评价流出化合物的香气强度，并与计算机数据处理软件相结合，该软件提供 FID 样式的香气图称之为时间-强度图（图 4.4）。

　　在该研究[26]中，由 4 名经过培训的评价员构成评价小组，评价一系列香气活性标准品气味强度与浓度之间的关系。化合物的香气强度峰值及峰面积与 GC 洗脱物中化合物的物理浓度均存在显著的相关性。

　　Etievant 等人[29]报道了一种基于相同原理的跨通道匹配法（GC/O/FSCM）。他们描述了一个用于精确测量和获取分析过程中拇指和另一个手指之间距离的原型（图 4.5）。一个 4 人小组能准确测定 11 种标准溶液的强度特性。然而，个别小组成员的重现性差异很大。评价员之间的这种差异表明：小组评价香气活性物质的重要性。

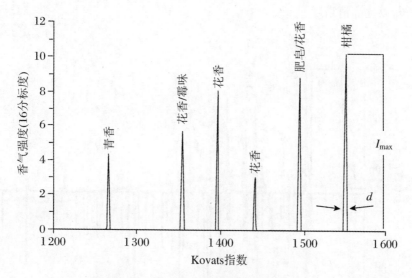

图 4.4　香气活力标准品的时间-强度图

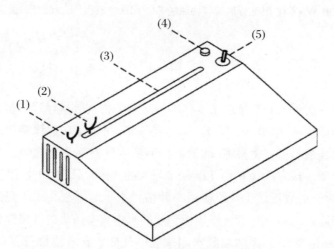

（1）拇指固定环；（2）主指或食指连接 195 mm 长变阻器的移动环；

（3）光标跟踪；（4）信号灯；（5）开关[29]

图 4.5　指跨原型

　　GC/O 时间-强度法没有稀释法应用普遍，因为它需要额外的硬件（强度转换器）及相应的软件数据通道。它已用于啤酒花油[30]、黑莓[31]、葡萄酒[25]等的检测领域，并广泛用于柑橘香气检测[32-35]。使用 Chrom 等色谱软件可以快速显示各个 FID 和 GC/O 响应。图 4.6 给出了一个示例，其中 GC/O 响应以所谓的"鱼骨"方式反转,以提高清晰度。

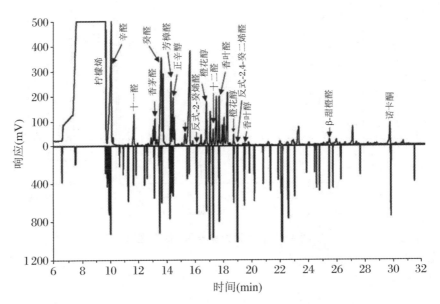

图 4.6　DB-WAX 柱[34]上分离葡萄柚油的 GC/FID 色谱图(上)和时间-强度香气图(下)

4.6.3　检测频率法

　　检测频率法可感知到单一浓度样本香味的评价员数量,然而,该方法需要一组未经训练的评价员(组员 6～12 名)来感知气味,而不是在连续稀释过程中评价香气强度或香气活力值。据报道,评价员检测到香气活性化合物的百分比与香气强度相对应[36-39]。该方法最初由 Linssen 等人提出[36],采用 10 名评价员组成的小组,克服了评价员数量较少且仅使用一种稀释水平的限制。该研究的目的仅是为了鉴别低密度聚乙烯/铝/纸板层压板包装的水中具有污染的挥发性化合物。

　　Van Ruth 等人[40]评估了脱水四季豆的气味。在 9 点强度区间量表(1 = 极弱;9 = 极强)上,10 名评估人员在嗅辨口检测洗脱化合物的感知强度。采用没有吸附挥发性化合物的 Tenax TA 管作为虚拟样品,测定了评价组的信噪比。对虚拟样品的 GC 嗅辨表明,10 名评估人员中仅有一名或两名在嗅辨口检测到的气味可被认为是“噪声”。感知到气味的评价员数量与气味强度得分显著相关(Spearman 相关检验,$P<0.05$),表明评价员的数量足以评价气味强度。此外,感知到香气活性化合物的评价员数量与感官分析中强度得分之间存在显著相关性[40-42]。图 4.7 是通过检测频率法制作的嗅辨色谱图。

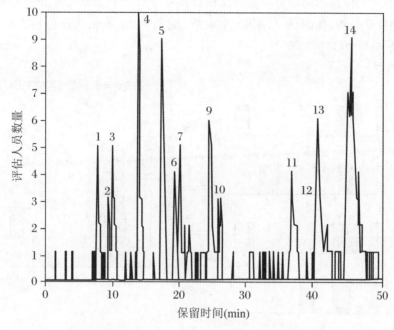

图 4.7　密闭烧瓶中再水化 5 min 的四季豆挥发性化合物的嗅探色谱图
色谱图上的数字是指已鉴定的化合物(数据未显示)[40]

　　Pollien 等人[38]报道了一种基于检测频率法的类似技术,该技术需要 6 名未经训练的评价员。在整个感知过程中,按下一个按钮记录香气活性化合物的洗脱过程,HP Pascal 工作站记录方形信号。当需要进行峰值识别时,评价员将相应的气味描述符记录在录音机上。将给定样品的 6 个独立的香气图合为一个色谱图,并用自制软件进行归一化,得到均一化的香气图。峰高(小组成员对气味检测频率百分比)和面积(表示检测频率和感知时长)称为 NIF 和 SNIF(分别为鼻部撞击频率和鼻部撞击频率表面)(图 4.8)。结果表明,该方法具有较好的重复性和重现性。作者对评价员的数量进行了实验,建立了一个香气图(有关程序的详细信息可在上述引用的文献中找到)。该实验结果表明:仅凭一两名未经训练的小组成员无法提供可靠的香气特征。一名评价员可能检测或遗漏高于他/她检测阈值的色谱峰,即使另一名评价员正确地检测到相同的色谱峰,观察到的结果与线性结果也有 50%的差异。因此,未经训练的评价员的合理数量应该为 8～10 名[38]。

　　在检测频率和气味剂浓度相关的情况下,有人尝试使用 GC/SNIF 方法对气味物质进行定量。有研究表明:当气味物质的检测阈值是其浓度对数的函数时,可以进行量化。然而,SNIF 量化的主要假设是:对于目标化合物,该小组中的评价员的香味阈值呈正态分布。该方法也适用于浓度低于物理检测器灵敏度的气味物质,或香气阈值高的无法分离的共洗脱挥发物[39,43]。该方法已用于分析食品中的香气活性化合物,如四季豆、甜椒、韭菜[44]、酸奶[45]、聚乙烯层压包装的矿泉水[36]、黑加仑子[46]和橙汁[39]等。

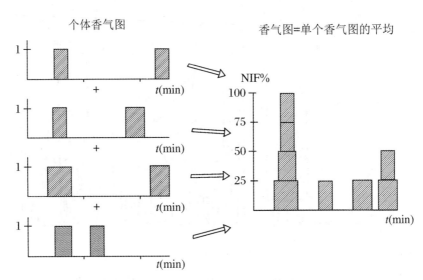

图4.8 使用来自四个小组成员的响应的数据处理过程

4.6.4 峰后强度法

峰后强度法是由训练有素的评价员评价气相色谱洗脱物的气味强度,在色谱柱洗脱峰后,将感知强度按标度评分。该方法被称为气相色谱/嗅辨口分析(GC/SP)[40]、嗅辨端口评价或 GC/嗅辨分析[47]、GC 气味分析[48]、后验强度[49]或感知强度法[50]。它们的原理相同,但在评价员的数量[47-49]和强度标度(分别为 3、5 和 9点强度)上有所不同[40,47,51]。峰后强度法实际上是一种结合时间-强度和频率检测的混合方法。该方法与频率检测法相似,评价组人员较多,但不同之处在于:评价员必须评价强度,而不是简单地指出香气活性。它与 OSME/时间-强度法的类似之处在于小组成员只需要在香气活性峰消失之后评价香气强度。因此,响应可以用笔和纸记录,不需要第二个计算机数据通道。缺点是:还需要记录出峰时间(使用计算机软件则是自动完成的)。

为了验证峰后强度法,Van Ruth 等人[49]在感官顶空分析中考察了感知到的GC/O 香气强度与相同化合物感知强度之间的关系。GC/O 峰后强度评分与感官香气强度评分高度相关。该方法已应用于切达干酪[47]、脱水四季豆[40]、橙汁[48]和葡萄酒[52]的研究。

4.7　进　　样

GC/O 中最容易被忽视但却最重要的一个方面就是:收集代表性评价样品并将其引入 GC,本书的第 2 章专门讨论了这个主题。在稀释分析的情况下,样品制备方法几乎全是溶剂萃取。不同的萃取溶剂会产生不同的香气特征,因为溶剂对特定香气成分的选择性萃取效率不同。因此,萃取溶剂的选择将极大地影响气相色谱中引入的香气成分。传统的极性溶剂(如乙醚和乙酸乙酯)比非极性溶剂(如戊烷)能提取更多的极性香气成分。这种方法的一个大的缺陷是:溶剂萃取法不适用于高挥发性成分分析,因为这些高挥发性成分会与溶剂共洗脱。溶剂萃取的另一个问题是:提取的半挥发性或非挥发性成分,可能会削弱色谱长期性能或在热的 GC 进样口产生热降解产物。

顶空分析是 GC/O 中应用的另一种常用方法。经典的静态顶空分析是分析固定顶空体积的气态挥发成分,已成功应用于各种样品的分析中。这种技术的主要缺点是:顶空通常含有大量的水和相对较少的目标成分。因此,直接注入顶空气体的灵敏度较低。动态顶空主要关注样品中挥发性最强的化合物,用固定量的气体吹扫样品表面,并通过吸附富集易挥发化合物,然后将其洗脱到 GC 中。

固相微萃取(通常称为 SPME)是一种日益流行的样品浓缩和进样方法。顶空挥发物吸附在二氧化硅纤维上的吸附剂涂层上,捕集的挥发物的量取决于样品的温度、顶空体积以及吸附时间。与不同极性溶剂选择性萃取相类似,不同吸附材料也会选择性地浓缩顶空挥发物。因此,吸附剂中固定相的选择对于所检测到的挥发物的相对含量具有重要影响。指导原则是:应该始终选择一种能够吸附代表性样品绝大部分顶空气体的纤维头。

4.8　香气活性峰的鉴定

GC/O 与早期香气活力值(OAV)方法的区别之一是:所有香气活性成分都可

以被检测到,并可记录其强度,而无需使用分析方法来测量它们。因此,每个被检测的挥发物的性质都是已知的。对于 GC/O,只有香气强度或稀释强度与感官描述符是已知的,因此,GC/O 的主要挑战是:香气活性挥发物的定性。香气活性峰的定性是极具挑战性的,因为一种给定的食品中含有数百种挥发物。由于食品挥发物会有不同程度的浓度差异,因此准确地鉴别就更加复杂了。GC/O 方法的缺点是:必须使用多种技术来识别香气活性峰,通常还需要采用一些分析方法来确认。初步鉴别可以基于有限的 GC/O 数据,但是,严格的鉴别则至少需要感官和分析两种独立方法的确认。

4.8.1　标准化保留指数

确定香气活力峰的主要方法之一(至少在初步阶段)是使用基于烷烃或酯的标准保留指数体系。有关保留时间的报告未被认可,因为这些值在该实验室之外没有什么价值,它们受流速、柱温箱温度程序和柱长的影响。基于烷烃的体系通常称为线性保留指数或 *LRI* 体系。在该系统中,采用一系列直链烷烃对所有的香气挥发物进行标准化。实际上,这需要含有 $C_5 \sim C_{20}$ 系列的直链烷烃(有时高达 C_{25})的标样,在与样品相同的条件下进样。

4.8.2　香气描述一致性

通常可通过物质在两种色谱柱上的保留值和网络上的标准化表格中香气描述的匹配度来实现初步鉴定。然而,由于缺乏标准化的词汇表,使得这一过程变得非常困难,根据以往的经验,同一化合物可以使用一些宽泛的术语来描述。

4.8.3　质谱鉴别

质谱(MS)是一种成熟的技术,已与气相色谱技术相结合用于鉴定的目的。今天,这些仪器可在计算机控制下调整和校准,以便于科学家简便操作,而在此之前,质谱需要专家来操作。鉴定是基于化合物从气相色谱柱末端洗脱时的碎裂模式,每个化合物的碎裂模式具有高度的可重复性和特征。含有超过 10 万种挥发物的谱图库可以从 NIST 或 John Wiley & Sons, Inc. 购买。通过一种计算机模式匹配程序,将碎裂片段的质量和相对强度与库中的基准图谱进行匹配,从而实现化合物的鉴定。这使得色谱工作者能够快速鉴别出 GC 色谱柱分离的成分。然而,目前对计算机匹配识别的依赖程度过高,当几种化合物产生类似的碎裂模式时,就会出现问题,例如萜烯。当目标化合物的碎片模式在库中不存在时,还会出现其他问题。当这种情况发生时,计算机不能正确地识别出化合物,只能在它所收录的库中寻找最接近的匹配物。文献[2]讨论了将 MS 模式匹配识别与一些独立数据(如保留指数值等)耦合的必要性。最新版本的 NIST 库包含了许多化合物的保留指数值,以帮助用户从计算机建议的匹配列表中选择正确的鉴定结果。

当挥发性香味物质的挥发性非常强,并且伴随有高浓度的非香气活性共洗脱物时,利用质谱技术来鉴定香气化合物极具挑战。在这种情况下,质谱能正确地鉴别出最高浓度的挥发性物质,但其可能不是香气活性化合物。通常,这种错误的定性可以从香气描述中排除,或者通过两中以上色谱柱的保留特性排除。在最后的分析中,应避免过分依赖 MS 识别,并正确地将其视为必须用附加的独立数据加以确认的信息之一。

4.8.4　使用标准品

通过匹配文献或内部数据库的多个独立数据进行初步鉴定后,应使用标准品对鉴定结果进行确认。标样应与样品在相同的条件下运行,并对比数据。极性柱和非极性柱上的 *LRI* 值应在1%以内匹配。除了信噪比小于10∶1的低浓度化合物以外,其他化合物的质谱碎裂模式应基本相同。样品中的色谱峰除了与标准品保留时间相同以外,还需要与标准品的感官描述相一致,为了评价结果的准确性,标准品的浓度应该与样品中该化合物的浓度相匹配。

结 论

GC/O 是一种功能强大的技术,已成为大多数香料化学实验室的主要工具,但不应该过度解读 GC/O 的结果。需要记住的是:这项技术确定了单一组分挥发物的相对香气活力和香气特征。因此,应谨慎比较感官评价数据(在混合物中)和 GC/O 数据(单独确定成分)。

最后,应该认识到,各种形式的 GC/O 都有各自的优缺点。所有 GC/O 数据都受到挥发物提取和浓缩方式的影响,这可能是最大不确定性的来源。另一个需要考虑的因素是:样品如何浓缩,样品挥发物总是有过度浓缩的可能。GC/O 时间-强度法具有超阈值水平下检测香气挥发物的优点,但受到不同评价员评价香气强度范围的限制,这可通过规范每个评价员的数据来最小化这个缺点。稀释法基于假定所有挥发物的剂量响应斜率相同或非常相似的阈值信息,但是在很多情况下是不正确的。此外,基于阈值特征的数据重复性往往要比需要量值估计的技术好。

参 考 文 献

［1］ Fuller G H, Tisserand G A, Steltenk R. The Gas Chromatograph with Human Sensor: Perfumer Model［J］. Ann. N. Y. Acad. Sci. , 1964, 116: 711-714.

［2］ Molyneux R J, Schieberle P. Compound Identification: A Journal of Agricultural and Food Chemistry Perspective ［J］. J. Agric. Food Chem. , 2007, 55: 4625-4629.

［3］ Reineccius G. Source Book of Flavors［M］. 2nd ed. New York: Springer , 1994: 24.

［4］ Hulin-Bertaud S, O'Riordan P J, Delahunty C M. Gas Chromatography/Olfactometry Panel Training: A Time-intensity Approach for Odor Evaluation［J］. Special Publication-Royal Society of Chemistry, 2001, 274: 394-403.

［5］ Callement G, et al. Odor Intensity Measurements in Gas Chromatography-Olfactometry Using Cross Modality Matching: Evaluation of Training Effects ［M］. ACSSymp. Ser. , 782, （Gas Chromatography-Olfactometry）, 2001: 172-186.

［6］ Van Ruth S M. Methods for Gas Chromatography-Olfactometry: A Review［J］. Biomolecular Engineering, 2001, 17: 121-128.

［7］ Friedrich J E, Acree T E, Lavin E H. Selecting Standards for Gas Chromatography-Olfactometry ［M］. ACS Symp. Ser. 782 , 2001: 148-155.

［8］ Hanaoka K, Sieffermann J-M, Giampaoli P. Effects of the Sniffing Port Air Makeup in Gas Chromatography-Olfactometry［J］. J. Agric. Food

Chem. , 2000, 48: 2368-2371.

[9] Acree T E, Barnard J, Cunningham D G. A Procedure for the Sensory Analysis of Gas Chromatographic Effluents[J]. Food Chem. , 1984, 14: 273-286.

[10] Schieberle P, Grosch W. Evaluation of the Flavor of Wheat and Rye Bread Crusts by Aroma Extract Dilution Analysis[J]. Originalarbeiten, 1987: 111-113.

[11] Ullrich F, Grosch W. Identification of the Most Intense Volatile Flavor Compounds Formed During Autoxidation of Linoleic Acid [J]. Z. Lebensm.-Unters. Forsch. , 1987, 184: 277-282.

[12] Schieberle P. Primary Odorants in Popcorn[J]. J. Agric. Food Chem. , 1991, 39: 1141-1144.

[13] Buettner A, Schieberle P. Characterization of the Most Odor-active Volatiles in Fresh, Hand-squeezed Juice of Grapefruit (Citrus Paradisi Macfayden)[J]. J. Agric. Food Chem. , 1999, 47: 5189-5193.

[14] Guth H, Grosch W. Identification of Potent Odorants in Static Headspace Samples of Green and Black Tea Powders on the Basis of Aroma Extract Dilution Analysis (AEDA)[J]. Flav. Fragr. J. , 1993, 8: 173-178.

[15] Qian M, Reineccius G. Static Headspace and Aroma Extract Dilution Analysis of Parmigiano Reggiano Cheese[J]. J. Food Sci. , 2003, 68: 794-798.

[16] Blank I, Sen A, Grosch W. Potent Odorants of the Roasted Powder and Brew of Arabica Coffee[J]. Z. Lebensm.-Unters. Forsch. , 1992, 195: 239-245.

[17] Acree T E. Bioassays for Flavor[M]//Acree T E, Teranishi R. Flavor Science: Sensible Prinicp Lesand Techniques. Washington: American Chemical Society, , 1993: 1-20.

[18] Sagara Y, et al. Characteristic Evaluation for Volatile Components of Soluble Coffee Depending on Freeze-drying Conditions [J]. Drying Technology, 2005, 23: 2185-2196.

[19] Deibler K D, Acree T E, Lavin E H. Aroma Analysis of Coffee Brew by Gas Chromatography-Olfactometry[J]. Elsevier, 1998, 40: 69-78.

[20] Jensen K, Acree T E, Poll L. Identification of Odour-active Aroma Compounds in Stored Boiled Potatoes[M]//Schieberle P, Engel K-H. Frontiers of Flavour Science. Munich: Deutsche Forschungsanstalt fur Lebensmittelchemie, 2000: 65-68.

[21] Eyres G, et al. Identification of Character-impact Odorants in Coriander and Wild Coriander Leaves Using Gas Chromatography-Olfactometry (GCO) and Comprehensive Two-dimensional Gas Chromatography-Time-Of-Flight Mass Spectrometry (GC GC-TOFMS)[J]. J. Sep. Sci., 2005, 28: 1061-1074.

[22] Murakami A A, et al. Investigation of Beer Flavor by Gas Chromatography-Olfactometry[J]. J. Am. Soc. Brewing Chem., 2003, 61: 23-32.

[23] Gaffney B M, Haverkotte M, Jacobs B, et al. Charm Analysis of Two Citrus Sinensis Peel Oil Volatiles[J]. Perfumer & Flavorist, 1996, 21: 1-2, 4-5.

[24] McDaniel M R, et al. Pinot Noir Aroma: A Sensory/Gas Chromatographic Approach[J]. Dev. Food Sci., 1990, 24: 23-36.

[25] Miranda-Lopez R, Libbey L M, Watson B T, et al. Odor Analysis of Pinot Noir Wines from Grapes of Different Maturities by a Gas Chromatography-Olfactometry Technique (Osme)[J]. J. Food Sci., 1992, 57: 985-993, 1019.

[26] Silva M A A P, Lundahl D S, McDaniel M R. The Capability and Psychophysics of Osme: A New GC-Olfactometry Technique[J]. Elsevier Science B. V., 1994, 35: 191-209.

[27] Stevens S S. On the Psychophysical Law[J]. Psychological Review, 1957, 64: 153-181.

[28] Stevens S S. To Honor Fechner and Repeal His Law[J]. Science, 1961, 133: 80-86.

[29] Etievant P X, et al. Odor Intensity Evaluation in Gas Chromatography-Olfactometry by Finger Span Method[J]. J. Agric. Food Chem., 1999, 47: 1673-1680.

[30] Sanchez N B, et al. Sensory and Analytical Evaluation of Hop Oil Oxygenated Fractions[J]. Dev. Food Sci., 1992, 29: 371-402.

[31]　Klesk K，Qian M. Preliminary Aroma Comparison of Marion（Rubus spp. hyb）and Evergreen（R. laciniatus L.）Blackberries by Dynamic Headspace/OSME Technique[J]. J. Food Sci.，2003，68：697-700.

[32]　Bazemore R，Goodner K，Rouseff R. Volatiles from Unpasteurized and Excessively Heated Orange Juice Analyzed with Solid Phase Microextraction and GC-Olfactometry[J]. J. Food Sci.，1999，64：800-803.

[33]　Goodner K L，Jella P，Rouseff R L. Determination of Vanillin in Orange，Grapefruit，Tangerine，Lemon，and Lime Juices Using GC-Olfactometry and GC-MS/MS[J]. J. Agric. Food Chem.，2000，48：2882-2886.

[34]　Lin J，Rouseff R L. Characterization of Aroma-impact Compounds in Cold-pressed Grapefruit Oil Using Time-intensity GC-Olfactometry and GC-MS[J]. Flav. Fragr. J.，2001，16：457-463.

[35]　Mahattanatawee K，Rouseff R，Valim M F，et al. Identification and Aroma Impact of Norisoprenoids in Orange Juice[J]. J. Agric. Food Chem.，2005，53：393-397.

[36]　Linssen J P H，Janssens J L G M，Roozen J P，et al. Combined Gas Chromatography and Sniffing Port Analysis of Volatile Compounds of Mineral Water Packed in Polyethylene Laminated Packages[J]. Food Chem.，1993，46：367-371.

[37]　Van Ruth S M，Roozen J P，Cozijinsen J L. Gas Chromatogra-phy/sniffing Port Analysis Evaluated for Aroma Release from Rehydrated French Beans（Phaseolus Vulgaris）[J]. Food Chem.，1996，56，343-346.

[38]　Pollien P，et al. Hyphenated Headspace-gas Chromatography-sniffing Technique：Screening of Impact Odorants and Quantitative Aromagram Comparisons[J]. J. Agric. Food Chem.，1997，45：2630-2637.

[39]　Bezman Y，Rouseff R L，Naim M. 2-Methyl-3-furanthiol and Methional are Possible Off-flavors in Stored Orange Juice：Aroma-Similarity，NIF/SNIF GC-O，and GC Analyses[J]. J. Agric. Food Chem.，2001，49：5425-5432.

[40]　Van Ruth S M，Roozen J P，Hollmann M E，et al. Instrumental and

Sensory Analysis of the Flavor of French Beans（Phaseolus Vulgaris）after Different Rehydration Conditions［J］. Z. Lebensm.-Unters. Forsch. , 1996, 203: 7-13.

［41］　Van Ruth S M, Roozen J P, Cozijnsen J L, et al. Volatile Compounds of Rehydrated French Beans, Bell Peppers and Leeks. Part Ⅱ. Gas Chromatography/sniffing Port Analysis and Sensory Evaluation［J］. Food Chem. , 1995, 54: 1-7.

［42］　Van Ruth S M, Roozen J P, Posthumus M A. Instrumental and Sensory Evaluation of the Flavor of Dried French Beans（Phaseolus Vulgaris）Influenced by Storage Conditions［J］. J. Sci. Food Agric. , 1995, 69: 393-401.

［43］　Pollien P, Fay L B, Baumgartner M, et al. First Attempt of Odorant Quantitation Using Gas Chromatography-Olfactometry［J］. Anal. Chem. , 1999, 71: 5391-5397.

［44］　Van Ruth S M, Roozen J P, Cozijnsen J L. Volatile Compounds of Rehydrated French Beans, Bell Peppers and Leeks. Part 1. Flavor Release in the Mouth and in Three Mouth Model Systems［J］. Food Chem. , 1995, 53: 15-22.

［45］　Ott A, Fay L B, Chaintreau A. Determination and Origin of the Aroma Impact Compounds of Yogurt Flavor［J］. J. Agric. Food Chem. , 1997, 45: 850-858.

［46］　Varming C, Petersen M A, Poll L. Comparison of Isolation Methods for the Determination of Important Aroma Compounds in Black Currant（Ribes Nigrum L. ）Juice, Using Nasal Impact Frequency Profiling［J］. J. Agric. Food Chem. , 2004, 52: 1647-1652.

［47］　Arora G, Cormier F, Lee B. （1995）Analysis of odor-active volatiles in Cheddar cheese headspace by multidimensional GC/MS/sniffing［J］. J. Agric. Food Chem. , 43, 748-752.

［48］　Tonder D, Petersen M A, Poll L, et al. （1998）Discrimination between freshly made and stored reconstituted orange juice using GC odor profiling and aroma values［J］. Food Chem. , 61, 223-229.

［49］　Van Ruth S M, O'Connor C H. Evaluation of Three Gas Chromatography-Olfactometry Methods: Comparison of Odor Intensity-

Concentration Relationships of Eight Volatile Compounds with Sensory Headspace Data[J]. Food Chem., 2001, 74: 341-347.

[50] Van Ruth S M. Evaluation of Two Gas Chromatography-Olfactometry Methods: the Detection Frequency and Perceived Intensity Method[J]. Journal of Chro-matography. A, 2004, 1054: 33-37.

[51] Pet'ka J, Ferreira V, Cacho J. Posterior Evaluation of Odour Intensity in Gas Chromatography-Olfactometry: Comparison of Methods for Calculation of Panel Intensity and Their Consequences[J]. Flav. Fragr. J., 2005, 20: 278-287.

[52] Cullere L, Escudero A, Cacho J, et al. Gas Chromatography-Olfactometry and Chemical Quantitative Study of the Aroma of Six Premium Quality Spanish Aged Red Wines[J]. J. Agric. Food Chem., 2004. 52: 1653-1660.

第5章

多变量分析技术

5.1　引　言

目前，一些商用仪器都将化学计量学软件和它们的数据分析软件捆绑在一起。化学计量学通常不是大学本科阶段的化学课程，会让初级分析员无从下手，但化学计量学分析却是一种处理复杂数据的有力工具。国际化学计量学协会将化学计量学定义为"运用数学和统计方法，设计或选择最佳的测量程序和实验，以及通过对化学数据的分析提供最大限度化学信息的化学学科"。由于分析仪器配备有快速计算机，光谱仪和色谱仪很容易生成数兆字节的数据，从而增加了化学计量学的运用。多年前，对如此大的数据集进行多变量分析非常耗时，而现在，通过应用不同的多变量工具，在几分钟内便可以进行复杂的统计分析并获得富有洞察力的信息。

化学计量学可以帮助分析人员筛选出与测量结果有关的信号变量，从而在分析方法的发展中发挥重要作用。如果没有自动数据处理的帮助，仪器输出的大量复杂多维信号往往令人难以理解。在有些仪器提供的软件中，对一些数据进行数学处理（平均、平滑、通过傅里叶变换进行光谱分析等）已经很常见，但是使用多元统计作为数据识别模式，并根据样本的谱图对其进行分类则并不常见。

实验数据的定量和定性分析主要基于单变量数据集，其中的某一个变量用于预测、量化或分类。对受关注的分析物选择特定波长或保留时间可能是较为困难，在复杂基质中更是如此。例如，即使分析物具有特定的吸收或发射波长，但仍有可能存在杂质干扰目标物的信号。分析人员可以在不考虑维数的情况下，采用多变量技术处理整个光谱或色谱图，并在其他物质存在的情况下，对所选分析物的特定变量进行建模。

在其他情况下，分析人员可能感兴趣的是对掺假的样品与参考样品或对自然界中新发现的原型香精与实验室开发的新配方进行比较。这种比较可能涉及多种分析技术，数据也可能非常复杂。然而，可以通过使用化学计量学来进行简化。例如，化学计量学可通过对多个色谱图的比较简化为一个图。本章介绍了多变量分析的基础知识，其可作为化学计量学入门知识。

为了进行多变量分析，分析人员应该熟悉文献中描述的一些基本符号。例如，矩阵通常用如下大写粗体字母表示：

$$
\boldsymbol{X}_{n \times p} = \begin{bmatrix}
x_{11} & \cdots & x_{1j} & \cdots & x_{1p} \\
\vdots & & \vdots & & \vdots \\
x_{i1} & \cdots & x_{ij} & \cdots & x_{ip} \\
\vdots & & \vdots & & \vdots \\
x_{n1} & \cdots & x_{nj} & \cdots & x_{np}
\end{bmatrix}
\tag{5.1}
$$

其中,每个元素 x_{ij} 表示样本 i 在变量 j 处所获得的单个对象。对象总是按 n 行排列,其中 n 是对象总数(例如,光谱或色谱图)。变量(测量值)在 p 列中,其中 p 是变量或特征的总数(色谱峰、波长等)。使用电子表格(如 Excel),使用户更容易理解矩阵的概念。数据矩阵的示例参见第 5.6.1 节表 5.1。

矩阵的转置用 $\boldsymbol{X}'$ 表示,它的逆矩阵用 $\boldsymbol{X}^{-1}$ 表示。向量将被视为列向量,用小写粗体字母(例如 $\boldsymbol{x}$)表示,行向量是列向量的转置,用 $\boldsymbol{x}'$ 表示。

表 5.1　数据矩阵示例

	46	47	48	⋯	147	148	149
Sample A-lot 60	200 428	5 256	878	⋯	90 514	45 304	29 760
Sample D-lot 16	198 508	2 237	666	⋯	143 773	75 155	39 880
Sample D-lot 16	171 930	685	1 077	⋯	143 161	71 811	38 764
Sample C-lot 25	197 901	4 310	454	⋯	15 650	2 494	517
Sample B-lot 13	233 630	4 764	659	⋯	64 011	33 155	17 499
Sample C-lot 26	198 790	4 503	252	⋯	15 785	2 125	587
Sample C-lot 55	198 754	3 764	330	⋯	15 842	2 245	486
Sample A-lot 25	200 667	7 910	913	⋯	78 827	39 446	24 862
Sample D-lot 11	163 494	164	1 160	⋯	143 163	70 707	38 233
Sample B-lot 07	140 608	2 731	3 187	⋯	57 771	23 885	9 080
Sample A-lot 56	222 919	3 833	637	⋯	90 806	46 469	29 158
Sample B-lot 31	156 297	3 035	2 722	⋯	58 711	25 344	10 438
Sample C-lot 09	201 904	4 114	52	⋯	15 984	2 460	640
Sample D-lot 12	188 802	1 727	911	⋯	143 158	74 020	39 827
Sample D-lot 11	215 380	3 279	500	⋯	143 770	77 364	40 943
Sample A-lot 16	202 342	7 188	886	⋯	81 546	40 887	25 946
Sample B-lot 20	221 278	3 825	337	⋯	61 270	30 149	15 320
Sample C-lot 03	203 905	4 016	230	⋯	16 151	2 443	701
Sample A-lot 34	204 017	6 466	860	⋯	84 266	42 329	27 030
Sample B-lot 43	202 252	4 157	1 589	⋯	62 131	30 237	14 784
Sample B-lot 21	187 675	3 642	1 792	⋯	60 591	28 262	13 153
Sample B-lot 28	171 986	3 338	2 257	⋯	59 651	26 803	11 795

续表

	46	47	48	⋯	147	148	149
Sample C-lot 05	200 235	3 135	548	⋯	18 463	2 233	1 011
Sample A-lot 51	205 692	5 744	833	⋯	86 985	43 770	28 114
Sample C-lot 15	226 108	4 546	894	⋯	12 886	2 492	480
Sample C-lot 25	210 537	3 639	348	⋯	19 080	2 628	1 441
Sample C-lot 16	199 902	4 212	253	⋯	15 817	2 477	578
Sample D-lot 10	180 366	1 206	994	⋯	143 160	72 916	39 296
Sample D-lot 12	203 134	2 790	1 069	⋯	141 922	76 168	41 848
Sample D-lot 11	155 058	357	1 243	⋯	143 164	69 602	37 701
Sample A-lot 55	203 778	3 812	825	⋯	95 953	48 187	31 928

在实验设计中,一个主要的问题是根据变量的数量选择足够的样本。本文描述的一些多元分析源于社会科学,如心理学或社会学,其中许多对象或题材的测量变量很少。这是社会科学数据与化学数据间最大的差异之一,在化学分析中对一个样本的测量可能会产生数百个变量。例如,一个质谱图可能会包含一个化合物的 300 个不同 m/z 的离子丰度值,红外光谱可能会有 4 000 个波长的响应,色谱分析在 10 Hz 下运行 1 个小时,将产生 30 000 个数据点。

Bender 和 Kowalski 等人研究了寻找与变量数相关的足够样本量的难度。他们通过计算样本与变量的比值($R = n/p$)来测量数据集的可靠性,比值 $R > 3$ 时足以进行模式识别分析。采用诸如 GC/MS 类的联用方法很难获得该比值,因为将化学计量学应用于数据分析的核心问题是将变量数减少到一个更易于处理的水平。Goodner 等人建议使用尽可能少的变量来建立化学计量学模型。在他们的研究中,建议样本与变量的比值为 6∶1 至 10∶1 之间。

挑选任何训练数据集的样本时都需注意,样本应该彼此独立。需要特别强调的是,获取的样本应该能够代表全体样本,例如来自不同批次的样本、采用不同原料取得的样本、来自不同年份的作物样本等等。还应考虑收集足够多的数据,用于验证由训练集建立的任何多元模型。

一旦数据按照表 5.1 所示的方式制成表格,下一步就是检查原始数据并对其进行预处理。然后应以可视化的方式检查数据,最好以表格和图形形式进行检查。查看原始数据的图表可能会暴露异常值,这些异常值可能来自换位错误、设备故障或简单的异常样本。预处理被定义为"在初步分析之前对数据进行的任何处理",可以对样本(X 的行)或变量(X 的列)执行预处理。

样本预处理技术的方式包括归一化、加权、平滑和基线校正。这些技术通过将样本放在相同的尺度上（归一化）、增加部分样本对其他样本的影响（加权）、减少噪声量（平滑），或减少系统变化（基线校正）来进行预处理。例如，对光谱进行二阶求导可以消除任何基线的偏移，并有助于对样品进行公平比较。

　　归一化消除了样本量可能引起的变化，对于大多数气相色谱检测器来说，当检测信号是样品质量的函数时，就需要进行归一化处理。单位面积归一化是通过将 X 行中的每个元素除以"1-范数"（在色谱法中，称为面积百分比归一化）来实现的。

$$1\text{- 范数} = \sum_{j=1}^{p} |x_j| \tag{5.2}$$

　　单位长度的标准化是通过将 X 行中的每个元素除以"2-范数"来实现的：

$$2\text{- 范数} = \sqrt{\sum_{j=1}^{p} x_j^2} \tag{5.3}$$

　　Johansson 等人提出了一种选择性归一化方法来避免因数据封闭而产生的问题。Sahota 和 Morgan 讨论了色谱数据的选择性归一化，并论证了归一化对相关变量的影响。

　　可变预处理工具包括均值中心化和可变加权。均值中心化是通过从 X 的所有列中减去可变向量的平均值来实现的。均值中心化考虑了校准模型中的截距，通常建议在主成分分析（PCA）之前进行。可变加权工具包括变量选择、变量缩放和自动缩放。变量选择作为一个重要的研究领域，人们已经开发出了许多不同的算法用于选择最优的识别变量。之所以这样做，有时是为了保持足够的样本变量比值。消除变量之间的单位差异也可采用变量缩放，其方法是通过将 $X(x_{ij})$ 的每个元素除以该变量的标准偏差（s_j）来实现。

　　可变均值中心化和缩放的应用称为自动缩放。自动缩放考虑了校准模型中的截距，消除了变量之间的缩放差异。自动缩放数据矩阵 Z 的元素通过下式获得：

$$z_{ij} = \frac{x_{ij} - \bar{x}_j}{s_j} \tag{5.4}$$

$$\bar{x}_j = \frac{1}{n} \left(\sum_{i=1}^{n} x_{ij} \right) \tag{5.5}$$

　　式（5.5）是变量 j 的平均值，且

$$s_j = \left\{ \frac{\left[\sum_{i=1}^{n} (x_{ij} - \bar{x}_j)^2 \right]^{\frac{1}{2}}}{(n-1)} \right\} \tag{5.6}$$

　　式（5.6）是变量 j 的标准偏差。自动缩放通常也称为"标准化"每个变量。一旦执行了自动缩放，变换后的数据矩阵中的每个变量（列）将具有零均值和单位方差。

选择使用哪种预处理技术很重要,因为变量的方差大小将决定其在任何最终模型——即原始数据集的任何近似——中的重要性。Sanchez 等人研究了主成分分析(PCA)前 8 种不同预处理方式对采用配有二极管阵列检测器的高效液相色谱检测得到的色谱图和光谱图的影响。所获得的三个最佳结果分别是:① 不进行任何预处理;② 进行选择性归一化;③ 进行对数转换。

预处理算法有很多,有些更适用于特定的技术,如光谱的一阶导数和二阶导数以及基于 Savitzki-Golay 多项式滤波的平滑变换。需要记住的是,透射率不随浓度呈线性变化;因此,如果需要建立回归建模,则应将透射率转换为吸光度。

当预处理应用于数据集的行(独立变量)或列(针对一组样本)时,一些软件公司会做出明确的区分,并定义了它们的应用顺序。对于任何化学计量学软件包,用户都要充分了解预处理的执行方式,这是由于尚没有通用的方法来执行预处理,不同的软件包以不同的方式进行预处理。

综上所述:

(1) 均值中心化在不改变样本间关系的情况下改变原始数据,通常在主成分分析之前对数据进行处理;

(2) 自动缩放首先是均值中心化,然后是方差缩放。自动缩放变量的均值为 0,方差为 1。

导数/平滑是以 Savitzki-Golay 多项式滤波为基础;是从光谱或色谱数据中去除基线特征的方法。

经验法则:尽可能少地进行变换,并避免随机变换。

Albano 等人将模式识别定义为:一种寻找分类规则的方法,即给定若干类,每一类由一组对象(训练参考集)和对每个对象的 M 次测量值进行定义,定义的规则可使根据对这些新对象进行的相同 M 次测量,从而对新对象(测试集)进行分类成为可能。模式识别分为两类:无监督识别和监督识别。

无监督识别是指以探索性的方式对数据进行分析,模型开发中不包括样本的真实身份。无监督识别的目的是发现样本之间的关系和相似性。例如,给定一定数量的色谱图,可根据它们的相似程度对其进行分组。无监督识别技术包括主成分分析(PCA)和系统聚类分析(HCA)。

由监督识别技术开发的模型考虑了被研究样本的身份。其数据矩阵增加了一列(参见第 5.6.4 节,图 5.6),然后根据分类算法的误分类率建立优化的模型。误分类率越低,模型越好。监督识别技术包括 k-最短距离法(k-NN)、簇独立软模式分类法(SIMCA)和线性判别分析(LDA)。

5.2　系统聚类分析(HCA)

这是一种无监督识别技术,它以树形图的形式显示样本之间的距离。树形图是一个二维图,显示了样品之间的距离(参见第 5.6.3 节,图 5.2)。距离较小时,样品相似;距离较大时,样品不同。由于没有为样本预先分配类别,因此这种分析强调数据集中的自然分组。

最常用的多元距离是欧式距离,定义为

$$d_{ab}^2 = \sum_j^m (x_{aj} - x_{bj})^2 \qquad (5.7)$$

其中,d_{ab} 是样本 a 和 b 之间的多变量距离,x_{aj} 和 x_{bj} 是样本向量。

在系统聚类分析(HCA)中,计算每对样本之间的距离,并根据形成的簇将样本链接起来。相似性度量的计算公式如下:

$$similarity_{ab} = 1 - \frac{d_{ab}}{d_{max}} \qquad (5.8)$$

其中,d_{max} 是数据集中的最大距离。相同样本的相似性等于 1,最不相似样本的相似性等于 0。

有几种方法可以链接样本:指向最邻近样本的单个链接(即距离最小的样本)、指向最远样本的完整链接,以及指向形心、中值或组平均值的中心链接。当处理非常不同的组时,任何链接都会起作用;对于分离较差的组,建议使用基于形心的方法(例如,组平均或增量)。

5.3　主成分分析(PCA)

100 多年前,Pearson 首次描述了主成分分析。那时,他还没有提出一种解决两个以上变量问题的实用方法。后来,Hotelling 在 1933 年将 Pearson 的思想扩展为一种更实用的计算主要成分的方法。随着技术的发展,特别是数据存储、检索和处理器速度的提高,使得 PCA 成为一种可以处理大型数据集的实用技术。

主成分分析建立了复杂数据集的线性多变量模型。PCA 通过寻找变量（或主要成分）的线性组合对整个数据集进行同时解释，且该线性组合连续考虑了原始数据集的最大变量。PCA 的目标之一是排除与噪声相对应的主成分，只保留与系统方差相关的主成分，从而降低了数据的维数。

通常，PCA 是在协方差矩阵上执行的。对于矩阵 $X_{n \times p}$，其协方差矩阵 C 定义为

$$C_{n \times n} = \frac{X_{n \times p} X'_{n \times p}}{n - 1} \tag{5.9}$$

利用奇异值分解法（SVD），可以有效地进行 PCA 计算。SVD 的基础是矩阵 $X_{n \times p}$ 可以表示为三个矩阵的乘积：

$$X_{n \times p} = U_{n \times r} S_{r \times r} V'_{r \times p} \tag{5.10}$$

其中矩阵 S 是对角线，s_k 元素是平方矩阵 XX' 的非零特征值的平方根。U 的列是 XX' 的特征向量，V' 的行是 $X'X$ 的特征向量。Wold 等人建议把 PCA 作为"任何多变量分析的初始步骤，以便首先了解数据结构，帮助识别异常值、划分类"。

当进行 PCA 时，会得到几张诊断图。这些图提供了有关变量、样本和模型的信息。样本之间按分数图进行自然分组。由于 PCA 集中了与第一主成分方差的相关信息，因此在这些与初始因素相关的样本位置图中，强调的是样本的相似性和差异。这些位置图中的样本点称为分数图，分数图是可视化样本关系的关键。

在矩阵分解中，重要的变量在初始的主成分中"负载"更重，因此这些向量通常被称为载荷。在分解过程中捕获的方差量，称为特征值，将随着更多分量的提取而降低。当把这些特征值对因子数作图（称为碎石图）时，特征值模式可用于确定主成分的数量，即哪些成分是相关的（信息），哪些成分是无关的（噪声）。

总之，探索性分析、PCA 和 HCA 为观察样本之间的自然差异、检测异常样本（离群值）和通过检查 PC 载荷以识别重要变量提供了工具。

5.4 分 类 模 型

这些技术包含两个步骤：建模和验证。这种分析的目的是将新样本与先前分

析的数据集进行比较。这些类型的方法都是监督识别方法,将训练集(训练集用于构建模型)中的每个样本分配一个类,然后预测一个类并将其分配给未知类样本。分类模型有几种,其中,k-NN 和 SIMCA 是常用的两种。

5.4.1　k-最短距离法(k-NN)

这是一种基于样本之间距离比较的分类方法。先计算样本之间的多维距离,然后根据最接近未知样本的已知类别样本来预测未知样本的类别。未知样本的类别通过已知类别样本数确定,这些已知类别的样品被称为“选票”。模型名称中的“k”,代表了最佳的选票数。必须记住,最大选票数(k)受限于数据集中样本数最少的样本类别。

该模型以多变量距离为基础,如 HCA 部分所示,欧几里得距离是多维空间中物体之间的距离。未知样本被分为一类且仅分成一类,而且分配的质量是不明确的。未知样本是根据它们与已分类样本的接近程度来分类的。未知样本的预测类取决于它的 k 最邻近样本类别。每一个 k 最邻近训练集样本都会为未知样本的分类投一次票,未知的样本将被归入得票最多的一类。

近邻样本数至少为 1,但要比训练集样本数少 1。如果在一个未知样本的预测过程中,两个类别获得相同的选票,则通过计算累积距离来打破平局。未知的样本将被归入与其有最小累积距离的一类。经验法则:在执行 k-NN 时,选择小于最小类别数两倍的最大近邻样本数。

优度值用于测量未知样本预测的质量,其定义为

$$g_i = \frac{d_i - \bar{d}_q}{sd(d_q)} \tag{5.11}$$

它是一个类似于统计学中 t 值的值,表示未知样本的标准偏差单位数与平均类距离的比值。

负值是正常的,这意味着样本属于可信度较高的类别,较大的值表示样本的拟合度较差。

5.4.2　簇独立软模式分类法(SIMCA)

这是另一种基于主成分分析的分类方法。该模型的基础是为数据集中存在的每个单独的类创建主成分,然后为每个类选择相关的主成分,更确切地说是“等级”。一旦确定了每个类的等级,就可以围绕每个类构建“多维框”。然后,这些多

维框为每个类定义边界区域。与其他任何化学计量学模型一样,训练集用于创建此等级,测试集用于验证/拒绝它的预测能力。

使用 SIMCA 作为分类模型的另一个重要优点是,它不但能够确定样本是否属于任何预定义的类别,而且还可以确定样本是否根本不属于任何类别。而对于 k-NN,无论预测是否合理,它都会对未知样本的分类进行预测。

5.5 主成分回归

预测混合物的定量组成需要进行校准标定实验,通过校准实验将仪器测量结果与受关注的成分联系起来。任何校准的第一步都需要对参考样本进行测量。参考样本,通常也称为训练集或校准集,用于开发校准模型。在第二步中,首先获得训练样本的测量值,然后将测量值与根据校准数据建立的校准模型相关联。该预测步骤通常需要用新的测试样本重复多次。

主成分回归(PCR)是一种多变量校正技术,由两个步骤组成。首先,在预测矩阵(X)上进行主成分分析;其次,选择模型中所包含的主成分的数量和身份。仅根据方差顺序选择主成分,通常会产生较差的主成分回归模型。而根据主成分与 y(预测向量)的相关性来选择主成分,所得到的模型要好得多。如果一个主成分和因变向量 y 之间存在较高的相关性,那么该主成分则是一个很好的预测因子,应该包括在回归中。在主成分回归中,回归系数用以下公式计算:

$$b_{p\times1} = V_{p\times k}S_{k\times k}^{-1}U'_{k\times n}y_{n-1} \tag{5.12}$$

为了验证一个主成分回归模型,通常需要将数据分成两组,即训练集和测试集。利用训练集建立模型,并利用测试集进行预测。交叉验证(CV),因其数据集的大小有限,是一种广泛应用于化学领域的诊断方法。CV 利用了所有存在的案例,提供了更多关于树状结构稳定性的有用信息。当没有足够的样本单独用于训练集和测试集时,可使用 CV 对数据集进行简化处理。在这种情况下,一次删去一部分数据,并使用剩余数据开发的模型来进行预测。在 V 形交叉验证中,原始样本随机分为 v 个子集,每个子集包含相同数量的案例。当一个样本被删去时,这种方法也被称为刀切法。

交叉验证过程如下:首先,将数据分为 v 个随机部分,并将第一部分留作测试,使用剩余的 $v-1$(训练集)部分获得模型,并使用剩下的第一部分(测试集)进行测试;接着,旋转数据并保留第二部分用于测试;然后获得第二模型,该模型不包括剩下的第二部分,但包括剩下的第一部分,剩下的第二部分用于测量模型的误差率。重复此过程,直到所有数据部分都通过测试旋转,并报告交叉验证的预测误差为止。

5.6　分类模型的数据分析示例

5.6.1 表格数据

任何多变量分析的第一步都是在电子表格中排列数据。该数据矩阵将变量排列成列,样本排列成行。如果采集的数据集是色谱图,变量可以是不同保留时间的峰面积,如果采集的数据是光谱图,那么变量可以是不同波长下的吸光度。如果采集的数据是质谱图,则数据可按离子计数的变量排列。重要的是要有一个快速的方法来排列电子表格中的数据,一些公司专门开发了创建此数据矩阵的宏。本实例中,创建的是一个包含 4 个样本类型(A、B、C 和 D)和 105 个变量数据的矩阵。请注意,尽管数据只有 4 个样本,但这些样本有许多副本。需要记住的一个重要因素是,化学计量学模型与收集到的数据一样好。样本应该是能代表其总体方差的独立样本。例如,不同批次的样品、不同时间采集的样品以及不同原材料的样品。副本不能是同一批已运行了多次的样本,因为这将导致无法捕获建模类别的方差。表 5.1 显示了示例数据。

5.6.2　检查数据

这个步骤应在没有任何预处理的情况下完成。有几种预处理数据矩阵的方法,包括变量、样本或二者的任意组合:

有关变量——列:
- 均值中心化,零均值化;
- 范围比例、方差比例、自动比例。

有关样本(转换)——行:

- 归一化；
- 加权；
- 平滑；
- 基线校正。

一旦数据采用表格形式，用户必须找到多变量软件来进行分析和/或创建模型。本例中，我们将使用 Pirouette 转换法。数据可以采用各种格式（如 Excel、text 文件等）导入。首先应该进行初步分析，以确定是否有看起来极为不同的样本或变量中是否存在错误。数据检查可以通过使用两个变量的绘图（双标图）来完成。

在检查图 5.1 中的双标图时，可看出有一个样本与其他样本不同，这个样本可能是一个异常值。如果比较双标图的任务太复杂（变量太多），可进行多变量探索性分析。

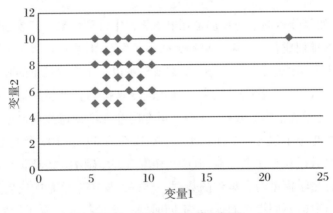

图 5.1　变量 1 和 2 的双标图

5.6.3　多元探索性分析

该分析是在没有预先指定类的情况下对样本进行探索，目的是确定它们是否为自然分组，或者样本和变量之间是否存在相关性或联系。图 5.2 显示了 HCA 分析树形图。在这个例子中，有四个集群被很好地分开。这表明 A、B、C、D 4 种类别都延续了自然分离，可作为一个分类模型使用。

最常用的多变量分析是 PCA。当创建此模型时，会产生许多的诊断图。图 5.3 的示例，显示了一个碎石图（参见第 5.4 节）。如前所述，选择要保留的主成分数量非常重要。本例中，3 个主成分似乎捕获了足够的方差。

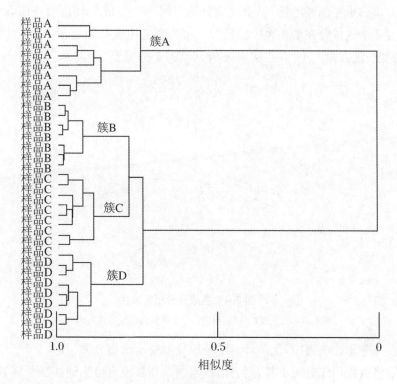

图 5.2　四类数据集的 HCA

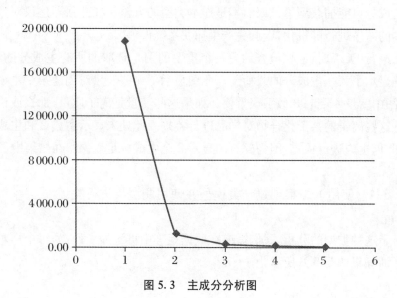

图 5.3　主成分分析图

另一个可能最常见的 PCA 图是得分图。图 5.4 给出了一个例子。该图是按数据方差的顺序创建的轴,每个主成分均与另一个主成分相正交。图 5.4 显示了样本前 3 个主成分在坐标系中的投影。报告哪些主成分被显示(在本例中,为前 3 个)和捕获的方差大小(在本例中为 98.65%)十分重要。

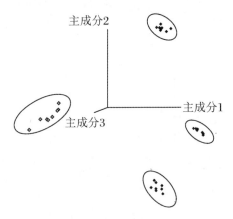

图 5.4　主成分分析得分图

椭圆体不代表置信区间(由前 3 个主成分捕获的方差为 98.65%)

在一些研究项目中,化学计量学分析只要显示出得分图(找到自然分组)即可。如果要将数据用作分类工具,则会出现问题。如果没有恰当地捕获总体方差,也可能出现问题。例如,如果某一类别的所有样本都是在一个特定的日期进行分析的,那么主成分可能捕获到了日期而不是样本类型的方差。在此强烈建议对训练集运行样本的顺序进行随机化,以避免产生捕获系统误差。

在进行 PCA 时,应该检查的另一个重要的图是选取的所有主成分的载荷图。图 5.5 显示了第一主成分的载荷图。此图显示了哪些变量对创建第一主成分的重要性,图中变量 46 和 93 似乎很重要。如果这些变量是离子质量,那么或许可以利用含有这些离子的某个化合物对样品进行鉴别。此处未显示主成 2 和主成分 3 的载荷图,但也应进行检查,因为碎石图显示 3 个主成分足以保留在该组中。

5.6.4　使用训练集创建分类模型并使用测试集进行验证

对于这种类型的分析,我们需要在数据矩阵中再添加一列:为每个样本进行类分配。训练集如图 5.6 所示。

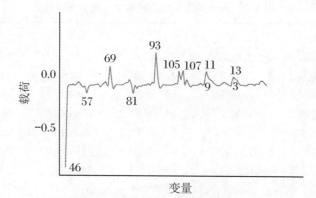

图 5.5　主成分分析载荷图

变量	46	47	48	⋯	147	148	149	分类
样本 C	226 108	4 546	894	⋯	12 886	2 492	480	3
样本 A	203 778	3 812	825	⋯	95 953	48 187	31 928	1
样本 B	202 252	4 517	1 589	⋯	62 131	30 237	14 784	2
样本 C	203 134	2 790	1 069	⋯	141 922	76 168	41 848	3
样本 D	210 537	3 639	348	⋯	19 080	2 628	1 441	4
样本 A	222 919	3 833	637	⋯	90 806	46 469	29 158	1
样本 B	233 630	4 764	659	⋯	64 011	33 155	17 499	2
样本 C	215 380	3 279	500	⋯	143 770	77 364	40 943	3
样本 D	198 754	3 764	330	⋯	15 842	2 245	486	4
样本 A	200 428	5 256	878	⋯	90 514	45 304	29 760	1
样本 B	221 278	3 825	337	⋯	61 270	30 149	15 820	2
样本 C	198 508	2 237	666	⋯	143 770	75 155	39 880	3
样本 D	202 235	3 135	548	⋯	18 463	2 233	1 011	4

图 5.6　在模型分类前添加了分类列的数据矩阵

对于 k 近邻算法, 用训练集选取最近邻数 (k)。k 尽可能大, 但是遗漏的近邻数 k 总是很小的。完成此操作后, 将评估测试数据集。如表 5.2 所示, 优度值可以是负数, 这意味着该样本属于置信度较高的类。在表 5.2 中, 突出显示了优度值最低的类, 大的优度值表明样本拟合度较差。

表 5.2   用优度值对未知样本进行的 k-NN 分类

	分类 1	分类 2	分类 3	分类 4
未知样本 1	− 0.587 56	47.932 82	61.986 27	31.572 8
未知样本 2	51.801	0.632 427	51.196 58	31.987 9
未知样本 3	178.628 4	169.785 1	289.468 8	1.003 831
未知样本 4	− 0.528 08	46.516 08	63.177 64	31.078 85
未知样本 5	50.259 3	0.347 203	56.224 67	30.883 3
未知样本 6	46.969 32	32.749 84	− 0.374 9	36.090 97
未知样本 7	163.024 6	155.908 1	268.199 7	− 1.225 17
未知样本 8	− 0.381 46	47.052 76	67.225 02	29.806 6
未知样本 9	53.207 23	0.563 078	47.553 36	30.699 36
未知样本 10	46.733 67	33.310 5	− 0.117 94	35.998 4
未知样本 11	160.586 3	153.600 7	265.296 2	− 1.925 59
未知样本 12	− 0.070 51	47.534 06	67.213 84	30.614 89
未知样本 13	50.824 23	− 1.227 94	50.840 89	29.976 89

SIMCA 为每个类别开发 PCA 模型,并为每个类创建一个多维"框",同时根据所属的框(如果有的话)对未知样本进行分类。未知样本预测:采用样本与(a)主成分分析模型(即残差)的距离以及(b)样本投影与软独立建模分类多维框边界的距离相结合进行预测。边界取决于训练集的样本数。(经验法则:每个类至少有 10 个独立的副本。)这些边界也取决于选择的临界值(概率截止值);例如,$P = 0.95$ 与 $P = 0.999$ 的预测结果是不同的。绘制的多维框有直边,但实际上由于 F 测试的性质,空间中的区域是弯曲的。

为了优化模型,必须为每个类选择最佳的主成分数。每个类的主成分数量可能不同。通过选择变量、检验总建模能力和识别能力,可以改善类的分离效果。检查 SIMCA 模型的另一个重要诊断是类间距离,这个测量值表明了类与类之间的分离程度。类间距离,作为一个好的经验法则,当其大于 3 时,被认为是很好的分离。表 5.3 中显示的样本,其类间距离表示样本之间有很好的分离。

表 5.3   SIMCA 模型的层间距离

	层间距离			
	CS1@4	CS2@2	CS3@2	CS4@2
CS1	0	18.995 93	21.874 2	17.423 87
CS2	18.995 93	0	11.428 04	13.162 23
CS3	21.874 19	11.428 04	0	22.964 19
CS4	17.423 87	23.162 23	22.964 2	0

SIMCA 为训练集的每个类开发了主成分模型。图 5.7 中的边界椭圆产生了类别分布的 95% 置信区间。在这种情况下,变量的投影表示样本间聚类良好,没有重叠。良好的 SIMCA 模型的另一个标志是样本之间的类间距离。

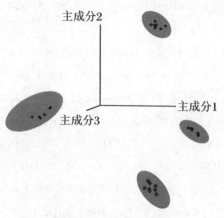

图 5.7　SIMCA 评分图

椭圆体代表 95% 的置信区间

一旦创建和验证了分类模型,应定期对其进行测试。例如,应保存用于创建或验证模型的一些样本。在每次运行一序列未知样本时,应同时运行一些保存的样本。如果对保存的样本进行了相应的预测,则模型仍然有效,如果预测结果不符,则应检查、更新模型或重新创建模型。本章简要介绍了化学计量学,关于多变量分析的全面信息,请参阅参考文献[5]。Beeve、Pell 和 Seasholtz 建议:一位优秀的化学计量师应当具有 6 种习惯,其中不仅包括检查数据、预处理数据、评估本章所示的模型,还包括验证模型、使用模型进行预测和验证预测。

参 考 文 献

[1]　Frank I E, Kowalski B R. Chemometrics[J]. Anal. Chem. , 1982, 54: 232R-243R.

[2]　Kinton V. Chemometric Techniques for Modeling and Classifification of Composition and Identity in Multivariate Analytical Chemical Data[D]. Columbia: University of South Carolina, 2001.

[3]　Bender C F, Shepherd H D, Kowalski B R. Alternate Representation of

Mass Spectra for the Spectral Identification Problem (Pattern Recognition) [J]. Anal. Chem., 1973, 45: 617-618.

[4] Kowalski B R, Bender C F. Pattern Recognition: A Powerful Approach to Interpreting Chemical Data[J]. J. Am. Chem. Soc., 1972, 94: 5632-5639.

[5] Beebe K R, Pell R J, Seasholtz M B. Chemometrics: A Practical Guide [M]. New York: John Wiley & Sons, Inc., 1998.

[6] Goodner K L, Dreher J G, Rouseff R L. The Dangers of Creating False Classifications Due to Noise in Electronic Nose and Similar Multivariate Analysis[J]. Sens. Actu. B, 2001 , 80: 261-266.

[7] Johansson E, Wold S, Sjodin K. Minimizing Effects of Closure on Analytical Chemistry[J]. Anal. Chem., 1984 , 56: 1685-1688.

[8] Sahota R S, Morgan S L. Recognition of Chemical Markers in Chromatographic Data by an Individual Feature Reliability Approach to Classification[J]. Anal. Chem., 1992, 64: 2383-2392.

[9] Sanchez F C, Lewi P J, Massart D L. Effect of Different Preprocessing Methods for Principal Component Analysis Applied to the Composition of Mixtures: Detection of Impurities in HPLC-DAD[J]. Chemomet. Intell. Lab. Sys., 1994, 25: 157-177.

[10] Albano C, et al. Four Levels of Pattern Recognition[J]. Anal. Chim. Acta, 1978, 103: 429-443.

[11] Pearson K. On Lines and Planes of Closest Fifit to Systems of Points in Space[J]. Phil. Mag., 1901 , 2: 559-572.

[12] Hotelling H. Analysis of A Complex of Statistical Variables into Principal Components[J]. J. Ed. Psych., 1933, 24: 417-441, 498-520.

[13] Jackson J E. Principal Components and Factor Analysis. Part I. Principal Components[J]. J. Qual. Tech., 1980, 12: 201-213.

[14] Wold S, Esbensen K, Geladi P. Principal Component Analysis [J]. Chemomet. Intell. Lab. Sys., 1987, 2: 37-52.

[15] Jollife I T. Principal Component Analysis [M]. New York: Springer, 1986.

[16] Press W H, Flannery R P, Teukolsky S A, et al. In Numerical Recipes: The Art of Scientific Computing[M]. Cambridge: Cambridge University

Press，1986：60-72.

[17] Egan W J, Brewer W E, Morgan S L. Measurement of Carboxyhemoglobin in Forensic Blood Samples Using UV-Visible Spectrometry and Improved Principal Component Regression[J]. Appl. Spectrosc., 1999, 53：218-225.

[18] Martens H, Næs T. Multivariate Calibration[M]. New York：John Wiley & Sons, Inc., 1989.

[19] Pirouette. Version 3.12, Infometrix, Seattle, USA, 2007.

第6章

电子鼻技术及其应用

6.1　引　　言

过去十年，"电子传感"技术在技术和商业方面都取得了长足发展。"电子传感"是指使用传感器阵列和模式识别系统再现人类感官的能力。第一个感官再现的能力是听力，是一种为工业生产而开发的"电子耳朵"设备。近年来，"电子眼"在生物识别应用领域也取得了长足发展，比如虹膜识别应用于安全目的或工业常规质量控制。

在过去的 15 年里，人们一直在研究开发一种可以探测、识别气味和味道的电子鼻技术。识别过程的各个阶段与人类嗅觉相似，用于识别、比较、量化和其他领域。然而，愉悦度评价是人类鼻子的一种特异性，因为它与主观意识有关。电子鼻设备经过大量改进，现在已经能适应研发部门、香精香料质量控制、食品饮料、包装、制药、化妆品和香水以及化工企业的工业需求。最近通过现场设备网络，应用电子鼻来解决公众对嗅觉干扰监测的担忧。

大多数电子鼻使用的传感器阵列与挥发性化合物发生反应，即挥发性化合物吸附在传感器表面引起传感器的物理变化。通过电子接口将接收信号转换为数值来记录特定响应，然后根据统计模型计算记录的数据。较为常用的传感器包括金属氧化物半导体（MOS）、导电聚合物（CP）、石英晶体微天平、表面声波（SAW）和场效应晶体管（MOSFET）。

最近，利用质谱法或超快速气相色谱法开发了其他类型的电子鼻。本章仅关注基于传感器阵列的电子鼻，并介绍以下内容：

① 采样系统；

② 检测技术；

③ 数据处理工具；

④ 应用范围；

⑤ 实例研究。

6.2　人类嗅觉与电子鼻

嗅觉是人类最重要的感官之一,对物体识别和身体保护方面具有重要作用。人类的嗅辨过程包括:

① 气味受体对味道的感知;

② 将感知转换为信号;

③ 将信号传递到大脑的边缘系统,即发生情绪反应的区域,该区域与记忆和生理反应相关,但是与有意识的决定无关;

④ 将信号传递到新皮层进行标记(识别等)。

开发电子鼻是为了模仿人体嗅觉,它采用整体运行模式:即以香气/香味作为整体指纹(见图 6.1)。

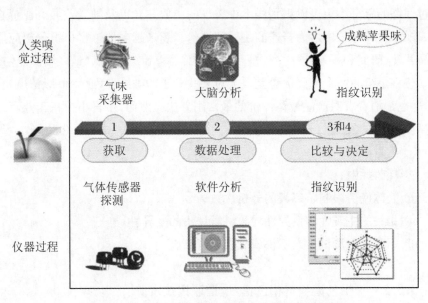

图 6.1　人体和仪器对挥发性香味物质的传感比较

6.3 香气/香味分析技术

在工业上,香气评价通常采用人体感官分析或气相色谱分析(GC,GC/MS)。气相色谱提供了有关挥发性有机化合物的信息,但由于多种香味成分之间潜在的相互作用,分析结果与整体气味感知之间的相关性并不直接。这就是电子鼻在工业应用中得到更广泛使用的原因。

6.3.1 感官小组

企业希望未经培训的感官小组进行主观评估(例如,消费者测试)。为了评估产品一致性、产品质量或产地,需要持续培训小组成员并建立标准化的限量标准。经过训练的感官小组可以识别样本中香气的主要差异以及细微差异。在感官评估中,香气/香味评价中最为普遍的是感官评价。越来越多的感官小组分析应用于新产品开发(研究和开发)或生产过程的起点(作为基准)及终点(最终用户评估)。

感官小组的两个主要优势是人类对某些分子的敏感性(亚 ppb 级浓度)和选择性,这也是消费者对产品最终评价的最常用方法。然而,感官小组在工业产品应用中存在以下主要缺点:

① 数量限制;
② 耗时耗财;
③ 人体疲劳限制了每天的分析次数;
④ 相关的主观性和变异性导致科学评价的变异性;
⑤ 不愿冒险测试令人不快或有害的产品。

6.3.2 气相色谱和气相色谱/质谱联用技术

化学家通常使用分析技术如气相色谱(GC)和质谱(MS)来鉴定香气/香味中的化合物及其浓度。鉴于其是分离技术,因此分析结果与感官小组产生的信息没有直接联系,很难获得相关性。该类技术非常适合分析单一化合物,但要解释由复杂的化合物混合组成的香气/香味就极其困难。

6.3.3　气相色谱/嗅辨仪

有时将气相色谱与人体评价结合使用的方法(气相色谱/嗅辨仪)作为补充:例如,分析人员用气相色谱柱分离可嗅辨混合物中的各个化合物。该方法通过评价每种成分的香型和强度,提供了有关香气成分的详细信息。然而该技术并不能从整体上比较不同的香味。此外,该方法非常冗长,因此不适合常规的质量控制测试。

6.3.4　电子鼻

第一步,需要使用标定的样本训练电子鼻,建立参考数据库。然后,仪器可以通过比较挥发性化合物指纹与其数据库中包含的指纹来识别新样本。因此,电子鼻可以进行定性或定量分析。

电子鼻具有多种香味检测优势:

① 无需或很少的样品制备过程;

② 测量结果具有一致性和重复性;

③ 快速获取结果;

④ 高通量分析;

⑤ 永久可用性;

⑥ 香气/香味的无损和整体分析;

⑦ 指纹结果作为人工评价;

⑧ 采用多变量数据处理,结果与人体感官相关。

这些优点解释了为什么电子鼻不仅用于研发实验室(作为快速和全面的筛选技术),而且还用于生产阶段(用于快速质量控制)。

在香精香料行业及相关领域,电子鼻是扩展香气分析能力的一种强大工具。然而,电子鼻不能代替人的鼻子进行主观分析(例如,消费者偏好测试或以前从未分析过的新产品的鉴定)。通常情况下,电子鼻分析仪可以应用于所有类型的挥发性化合物,例如,用于监测批次间变化、原材料的变化以及因为某种原因符合或不符合标准的样品。

6.3.5　电子鼻技术及设备

6.3.5.1　结构

Gardner 和 Bartlett(1993)将电子鼻定义为包括一组具有交叉选择性的电子化学传感器的仪器,以及能够识别简单或复杂气味的拟合模式识别系统。

图 6.2 说明了构成电子鼻的三个主要部分:样品输送系统;检测系统;计算系统。

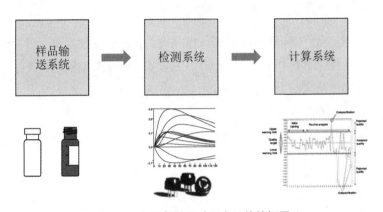

图 6.2　电子鼻操作过程中组件的框图

（1）样品输送系统。可以生成样品的顶空状态(挥发性化合物),及分析的馏分,系统随后将该顶空部分的馏分注入电子鼻的检测系统。样品输送系统对于保证恒定的操作条件至关重要。

（2）检测系统。包括一个传感器组,它是仪器的"反应"部分。当与挥发性化合物接触时,传感器会发生反应,即它们会发生电性能的变化。每个传感器对所有挥发性分子都敏感,但每个都以其特定的方式进行。

（3）计算系统。该系统组合所有传感器响应,即采集数据。计算系统执行整体指纹分析,并提供通俗易懂的结果及描述。此外,电子鼻结果可以与从其他技术(感官小组、气相、气相色谱/质谱联用)获得的结果相关联。

图 6.3 显示的是商业化电子鼻典型系统,包括:自动进样器,包含 18 个金属氧化物传感器的传感器阵列电子鼻(来自法国 Alpha MOS 的 FOX)和计算机系统。

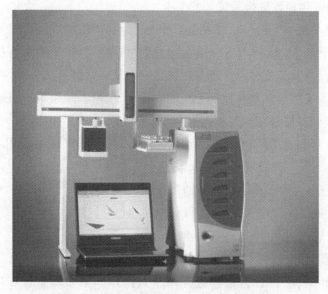

图 6.3　自动进样 Alpha MOS FOX 电子鼻

6.3.5.2　空压机

在早期应用电子鼻时,环境空气变化会迅速导致传感器响应的变化。为了克服外部条件的影响,电子鼻要求连接到纯净和恒定的空气源上。

为了在最佳条件下正常运行,建议使用恒流高纯空气作为载气,其规格如下:

① 水分<5 ppm;

② 烃类<5 ppm;

③ 氧气＋氮气>99.95%;

④ 氧气＝20%±1%。

纯净空气源由总有机化合物(TOC)发生器组成,该发生器产生压缩空气(产生净化空气压缩机或压缩空气输送网络)。空气发生器结合使用过滤、燃烧和变压吸附来从压缩空气中去除碳氢化合物、二氧化碳和水。

6.3.5.3　采样

电子鼻用于挥发性有机化合物和气味分析,以产生顶空为目标的样品制备仍然是提供一致和准确结果的关键要素。自 20 世纪 90 年代以来,研究人员已经开发了几种新的顶空采样技术,使分析仪器的能力适应于各种样品,并在检测限方面获得了很大的提升。

1. 自动或半自动进样装置

首先,样品通过"进样口"进入电子鼻进行分析。由于重复性较差,采取了多种改进措施。例如,Alpha MOS 公司引入一个"测量室",将样品隔离在一个小瓶中,空气通过阀门直接流过样品。顶空瓶加热产生顶空,触发数据记录后,将空气手动送至样品。为了改善气流和数据记录的同步性,使用了四通阀。与此同时,安装了质量流量控制器(MFC)来监测恒定的气体流量。

从 1995 年底到 1996 年初,自动进样器与电子鼻实现了联用。自动进样器包括:

① 样品盘,存放多个装有样品的顶空瓶;

② 带轨道搅拌多位置保温箱,保证样品加热均匀性;

③ 可加热进样针(可提供各种体积)。

多位置保温箱允许同时加热和搅拌多个样品,使样品制备时间重叠,从而减少整个序列分析时间。目前,自动进样器及其操作参数可以直接在电子鼻软件中设置。

自动进样器实现了自动化,便于分析样品,同时可以更好地理解与采样相关的问题。此外,这些装置保证了重复性:加热/搅拌时间、搅拌速度、加热精度和进样体积。

除了自动进样器之外,研究人员还开发了其他一些自动化程度较低的进样装置,以满足少量样品分析以及不需要高通量分析的用户需求:

① 2T 工作站可以同时自动优化各种样品的加热时间,并确保可重复的条件(时间、温度);

② Matrix 系统还可以对样品进行自动加热,并进一步实现半自动顶空固相微萃取。

2. 固相微萃取

在各种顶空进样方法中,固相微萃取(SPME)非常具有创新性,完全满足电子鼻的要求。固相微萃取时,将涂覆的熔融石英纤维插入样品中,挥发性有机化合物(VOC)吸附到涂层上。然后在进样口通过加热将分析物从纤维上脱附进入分析仪。通过改变涂层类型或厚度改变选择性,从而分析不同挥发性的物质。通过观察吸附特性,根据需要选择性吸附样品组分。

顶空固相微萃取优点:

① 最小化背景噪声;

② 能够检测出在直接顶空中一些被掩盖的挥发性有机物;

③ 提高分析化合物的含量,从而提高灵敏度;

④ 提高顶空进样的选择性。

3. 热脱附装置

热脱附装置是富集顶空分析的挥发性或半挥发性化合物。其工作原理是基于动态顶空萃取和自动热脱附。进样针通过泵送持续收集样品顶空,增加冲次可以提高灵敏度。在热脱附过程中,吸附相在进样口迅速闪蒸加热。

在最新的样品浓缩技术中,德国 Chromtech 公司的固相动态萃取(SPDE)含有一个进样针,进样针内有吸附材料涂层。另一种商品化设备是瑞士 CTC 的 ITEX,其进样针内在吸管和针头之间含微捕集阱(Tenax 或活性炭)。

德国 Chromtech 公司的 TDAS-2000 是一种动态热脱附装置,用于全自动热脱附分析固体、液体或气体样品中挥发或半挥发的有机化合物。挥发物捕集(动态吹扫捕集)在吸附管中的吸附剂上,高温下脱附。该技术也适用于中等或低挥发性有机物的富集分析,这种动态提取比静态提取更有效。此外,该模块可以安装在商品化自动进样器上(如 CTC),可减少样品的传输距离,提高重复性和灵敏度。由于没有涉及关键部件,如传输线、切换阀等,可以排除样品污染和低重现性相关的失误。

4. 其他进样装置

使用特定模块来实现合理进样:

① 对于需要在低温下储存的温敏样品,可以在自动进样器上安装 Peltier 冷却器,冷却托盘上的样品。

② 对于在线分析,可以使用流动池以选定的时间间隔吸取样品顶空,或者使用试剂或标准品以特定的时间间隔加入液体或气流。主要应用涉及过程在线监测(发酵、化学反应、试验工厂和烹饪过程)和环境分析(废水或饮用水管线)

③ 为了自动称量样品,可以采用 Balance Pal 装置自动称量样品并将样品转移到检测器,同时将重量数据传输到计算机。

④ 对于无法使用标准样品瓶(10 ~ 20 mL)的大体积样品,可以采用德国 Chromtech 公司 Baker 炉箱,能容纳高达 750 mL 样品。该模块主要用于从大体积样本中生成顶空。

5. 微生物检测

开发了具有特定密封系统的培养皿,可以直接对培养基中挥发性化合物进行采样和分析。该模块可直接固定在顶空进样器上。培养皿可以使用冷却装置进行温度控制。在培养皿中接种微生物后,通过电子鼻可以直接监测微生物的生长速率。

6.3.5.4　检测技术

1. 金属氧化物传感器(MOS)

如图 6.4 所示,金属氧化物半导体传感器通常由以下材料制成:

① 陶瓷基板;

② 金属电极测量电导率;

③ 加热元件,用来激活反应并消除传感器表面上的污染物;

④ 由半导体金属氧化物构成的涂层。

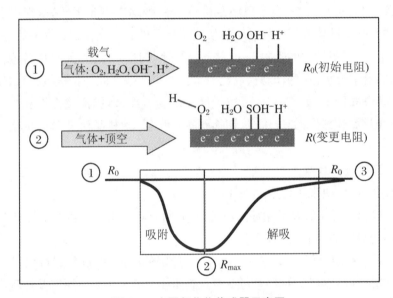

图 6.4　金属氧化物传感器示意图

(1) 金属氧化物涂层主要类型

① n 型(n 为负电子)氧化物,包括氧化锌、二氧化锡、二氧化钛或氧化铁(Ⅲ),它们对氧化性化合物更敏感,因为这些传感器的激发在其导带中会产生过量电子。

② p 型(p 为正离子)氧化物,如氧化镍或氧化钴;它们对还原性化合物更敏感,因为它们在激发时会产生电子缺失。

众所周知,金属氧化物传感器对水分的敏感度很低,而且非常顽固。传感器典型的工作温度范围是 400～600 ℃。挥发性化合物被吸附到半导体表面,从而产生表面电阻变化,而表面电阻是气体浓度的函数。图 6.5 描述了传感器/气体相互作用的简化机制,例如 Morrison 和 Kohl 机制。

③ 在平衡阶段,在恒定的载气流量(通常是由 TOC 发生器产生的纯净空气)下,传感器具有稳定的电阻 R_0。

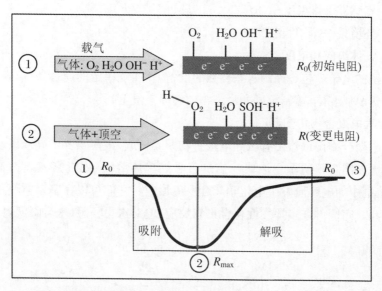

图 6.5　当挥发物在其表面吸收时,在金属氧化物传感器上发生的电阻变化的示意图

④ 当样品顶空注入载气时,顶空中的挥发性化合物吸附在传感器表面并与载气中氧气反应。传感器电阻调节到最佳值 R_{max},系统全程记录这些数据(最大电阻)进一步处理。在这种机制中,氧气是必须条件。然后挥发性化合物脱附,传感器恢复其初始电阻 R_0,因此该过程是完全可逆的。

(2) 灵敏度(见表 6.1)

表 6.1　文献中的一些检测阈值

化合物	检测阈值	运行条件
硫化氢	0.1 ppm	二氧化锡传感器 工作温度:300 ℃
甲醇,乙醇,丙醇和丙酮	10~100 ppb	商业传感器(Figaro) TGS 812,TGS 824 和 TGS 800;静态注射,体积 20 L
一氧化氮	1 ppm	二氧化锡传感器 测量池:1 700 cm³ 温度范围:25~300 ℃
氢气	0.1 ppm	MOS-与铂链耦合的 Pd 传感器(催化作用)

为了测量传感器灵敏度,在文献中提出了各种公式。通常,它们采用空气和气体测量的值。影响金属氧化物传感器灵敏度的主要参数是:

① 传感器材料特性;

② 传感器工作温度；

③ 环境条件(湿度,温度)；

④ 气体组成和浓度。

精密的电子鼻包含控制这些参数的设备,并实现稳定的运行条件(控制传感器温度的热电偶腔体,控制湿度和污染物的纯净空气等)。

2. 导电聚合物传感器

导电聚合物传感器由有机导电聚合物薄膜构成,该薄膜置于硅或碳基板(包括电极)上,如图6.6所示。该聚合物是芳香族单体溶液(如吡咯、噻吩、苯胺、吲哚等)与溶剂中的电解质发生电化学聚合反应形成。它们可以在室温下使用,但温度不能太高。它们对许多挥发性化合物有反应,但对水更敏感(水分降低电阻)。

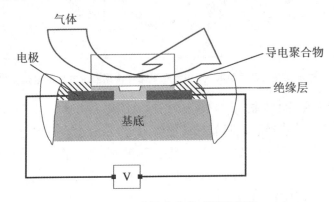

图6.6 导电聚合物传感器示意图

聚合物膜暴露于各种挥发性化合物时,其电导率就会发生变化,因此就可以测定其电阻变化。导电是通过电子而不是离子实现,这些变化在室温下是可逆的。在实际应用中,既可以在恒压下测量电流强度,也可以在恒压下测量电压。

3. 石英微量天平传感器(QMB)

这一系列压电晶体传感器存在两种类型的传感器:体声波振动模式(石英微量天平)和声表面波振动模式(SAW)。如图6.7所示,这些传感器由石英晶体组成,

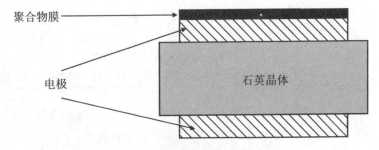

图6.7 石英微量天平传感器示意图

石英晶体上放置涂有聚合物膜的金属电极(铝或金)。通常聚合物膜具有疏水性(聚乙烯,聚苯乙烯等)。声波是通过装置中的振荡电场感应产生。

4. 声表面波(SAW)传感器

这些传感器利用声表面波传输,这是在交流电压下表面的周期性正常变化。固体通常是压电晶体,微电极诱导波的形成。在两种类型的传感器中,吸附在膜上的挥发性化合物导致质量变化,从而改变了波的传播。可测参数是振荡频率变化。表 6.2 给出了前面描述的三种传感器特性的比较。

表 6.2　金属氧化物、导电聚合物和石英微量天平传感器的比较

	金属氧化物传感器	导电聚合体	石英微量天平
灵敏度	+ + + + +	+	+ + +
选择性	+ + +	+ + + +	+ + + +
稳定性	+ + + + +	+	+ + + + +
样品湿度效应	低	严格	从低到潮湿
反应模式	氧化	极化	极化或非极化
测量函数	电阻变化	电导变化	质量或频率
耐用度	+ + + + +	+ +	+ + + + +
样品注入温度	<200 ℃	<45 ℃	<120 ℃
对毒性/破坏阻抗	+ + + + +	+ +	+ + + +

5. 金属氧化物半导体场效应晶体管(MOSFET)传感器

如图 6.8 所示,MOSFET 传感器由三层组成,包括硅半导体、氧化硅绝缘体和催化金属。后者通常称为栅极,一般由钯、铂、铱或铑组成。

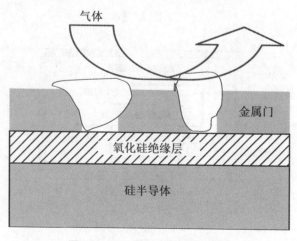

气体

金属门

氧化硅绝缘层

硅半导体

图 6.8　MOSFET 传感器示意图

　　在 MOSFET 传感器中,栅极和漏极连接,传感器作为双端子器件工作。场效应晶体管(FET)控制这两点之间的电流,并通过电场对经过半导体的电子流产生影响进行操作。当向栅极施加电压时,电流在传感器内从源极到漏极的通道内流动,氧化硅绝缘体保持电流不在栅极和沟道之间流动,栅极端子产生控制电流的电场。

　　对于金属氧化物半导体传感器,MOSFET 传感器包括两种类型的金属氧化物半导体:n 型(通过电子传导)和 p 型(通过"孔"传导)。该原理基于催化金属对栅极的金属氧化物半导体场效应晶体管(MOSFET)器件中的气体产生的场效应。挥发性化合物与催化金属栅极相互作用诱导电荷或偶极子,并改变栅极电压,记录恒定电流下的电压。

6. 光电离探测器(PID)

　　PID 由一个特殊的紫外灯组成,它安装在带恒温器的低容量流通池上。PID 依靠电离作为检测的基础。当挥发性化合物吸收来自紫外灯的能量时,分子被激发后发生电离,然后收集离子并产生与电离分子数成比例的电流。通过过滤器注入气体清除颗粒。因此,PID 被认为是非特定气体传感器,不受空气中永久性气体的干扰。

7. 电化学电池

　　如图 6.9 所示,电化学电池是微型燃料电池。最简单的电化学电池结构由两个电极组成——传感电极和对电极——由一层薄薄的电解质隔开。电极封装在塑料外壳中,外壳有一个小毛细管,气体通过毛细管进入感应电极,此外还有插针与两个电极连接,便于连接外部接口。插针连接到简单的电阻器回路,可以测定任何

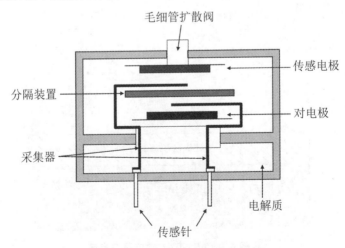

图 6.9　电化学电池传感器的示意图

电流产生的压降。进入到传感器中的气体在传感电极上被氧化或还原,并且在另一个电极上发生相应的逆反应,通过外部电路产生电流。毛细管扩散阀控制进入传感器的气体速率,产生的电流与传感器表面的气体浓度成正比,因此可直接表征有毒气体浓度。

一氧化碳传感器中电极反应是:

传感电极:

$$CO + H_2O \longrightarrow CO_2 + 2H^+ + 2e^-$$

对电极:

$$\frac{1}{2}O_2 + 2H^+ + 2e^- \longrightarrow H_2O$$

总反应:

$$CO + \frac{1}{2}O_2 \longrightarrow CO_2$$

所有其他能够被电化学氧化或还原的有毒气体都会发生类似的反应。理论上,任何能够被电化学氧化或还原的气体都可以检测。商用传感器主要用于探测有毒气体(CO,O_3,Cl_2,H_2S,NH_3,HCl 等)。有些传感器可以检测有机化合物,如硫醇或四氢噻吩。

6.3.6　数据处理工具

每个电子鼻分析都是从训练开始,该步骤分析已知样本,即先前通过其他技术(感官小组,GC-MS 等)定量或打分的样本。第一步以"训练"电子鼻为目的,训练方式与人类鼻子鉴别气味相同。第二步分析仪可以识别样品。

统计分析有助于计算、解释和理解电子鼻的传感器响应并实现其辨别力。样品鉴别、鉴定和表征需要使用多变量因子分析,因子分析是一种多变量分析,涉及一组变量的内在关系。

针对电子鼻的应用优化了几种算法和方法。用一个或多个传感器(雷达图)的指纹图谱比较两个样品相对容易。然而,当使用多个传感器分析两个以上的样本时,数据解释要复杂得多,并且很难执行。在此步骤中,必须使用更复杂的数据分析来研究整个数据集。这些工具称为多变量统计算法(见第 5 章),能够确定样本之间主要差异,识别未知样本,盲样感官指标强度或量化未知样本中的物质浓度。

常用工具包括:

① 鉴别或识别定性分析:雷达图,主成分分析(PCA)和判别因子分析(DFA);

② 质量控制定性分析:软独立建模分类法(SIMCA)和统计质量图表(SQC);

③ 定量分析:偏最小二乘法(PLS)和气味单元模型。

1. 鉴别或识别定性分析

(1) 雷达图

样本比较的基础可以使用雷达图表示,如图 6.10 所示。它轴上表示每个传感器响应的最佳值。在该雷达图上,有两个不同的样本。

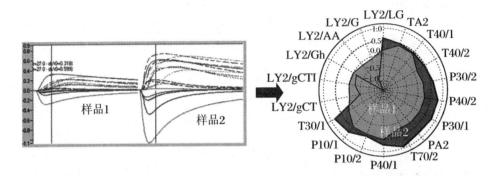

图 6.10　电子鼻传感器时间强度响应图及各个传感器的最大响应"雷达"图

(2) 主成分分析(PCA)

主成分分析(PCA)用于数据研究和差异性评估(即主要差异以及差异程度),图 6.11 就是一个实例,此例分析了相同香味的三种质量水平(优,劣和中等)产品。图 6.11 给出了显示最佳区分度的平面图(两个轴),每个轴下方的百分比表示这个轴所包含的信息量:在本例中,横轴占信息的主要部分(86.7%)。判别指数的计算方法是用群体表面特征除以群间表面特征,它给出了基于群体间表面特征的判别指数。当群体重叠时,判别指数为负;当群体不同时,判别指数为正。这个值越高,区分度越好。

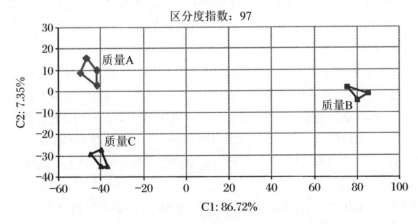

图 6.11　相同风味的三个质量水平的判别分析图

对于电子鼻,PCA 可以评估:

① 不同样本和群体之间的差别和相似之处;

② 分析方法的重复性;

③ 异常值检测。

它可用于定性分析,与感官小组或其他技术等基础研究结合,也可用于产品比较(即不同公司产品和竞争品牌或配方之间的比较)。

(3) 判别因子分析(DFA)

判别因子分析(DFA),如图 6.12 所示,用于识别未知样本进入其中一个培训组。需要使用代表所有情况的训练样本训练电子鼻,建立精确可靠的模型,鉴别新样本。为此,用户必须正确识别每个样本的特征(例如,质量等级、来源和年份),以便把样本训练集分组。在图 6.12 中描述的示例中,区分了两组样本(A 和 B)。为了验证模型,以这种方式计算识别百分比:取出一个样本并投影到所有其他样本建立的模型上,检验判别指数。对每个样品重复该步骤。如果识别百分比高于 90%,则认为该模型是有效的。

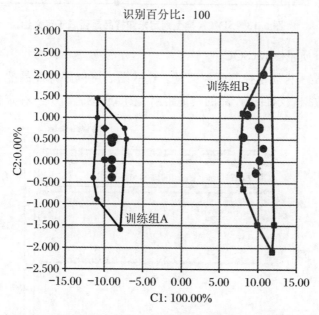

图 6.12　用于将未知数放入其中一组的两个训练组的判别因子分析图

2. 质量控制定性分析

多种工具适用于质量控制,包括软独立建模分类法(SIMCA)和统计质量图表(SQC)。

（1）软独立建模分类法（SIMCA）

SIMCA用于将未知样品与参比进行比较。如图6.13所示，根据"黄金参考"组建立模型，该模型将确定未知样品是否属于先前定义的唯一组。SIMCA模型的优点在于不必从不同组中收集样本，只需要从关注组中收集。

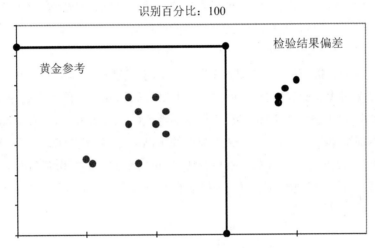

图6.13　SIMCA模型判定未知样品是否属于定义组

（2）统计质量图表（SQC）

该模型是一种质量控制监控工具。这些图表可以跟踪产品的质量变化，如图6.14所示，数据表示目标产品的嗅觉距离、浓度或感官得分。在定性应用中，建立

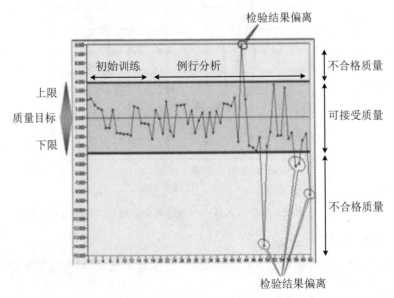

图6.14　样本响应统计质量图表（SQC）判别可接受和不可接受性

了传感器数据与质量之间的关系模型。为此,训练阶段需要将产品的波动性与传感器数据相关联。在这一步骤结束时,构建符合和不符合区域图表。在该图表中,上下限(水平线)确定了符合性区域(可接受性)。如果将盲样映射到该区域,则判定为合格,否则(即未知样品映射到该区域之外)判定为不合格。

3. 定量分析

(1) 偏最小二乘法(PLS)

该方法将电子鼻测量与定量样品特征(物质浓度、描述符强度等)相关联。基于已知样本建立模型后,将未知样本投影到曲线上进行数值预测,如图 6.15 所示。相关系数表示模型的可靠性和准确性:对于浓度,系数高于 0.90 表示模型有效;而对于感官得分,系数>0.80 模型有效。定量应用主要有两种:

① 测定产品中特定化合物的浓度(基本味道物质、异味物质、苦味单位等);

② 感官评分。

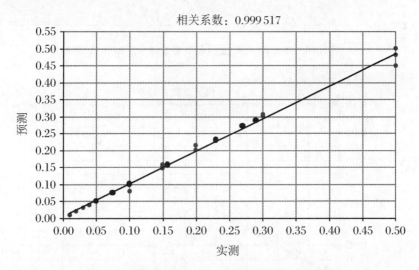

图 6.15 偏最小二乘分析,显示训练集和未知样本

(2) 多波段 SQC

与之前的 SQC 非常类似,这种模式可以整合多组产品(不同质量、得分等)。因此,以这种方式构建的模型可以预测与样本相关的定量值。图 6.16 中展示了不同感官得分(0,1 或 2)的三类产品。根据感官专家评分建立模型,新样本投影到模型上,就可以确定感官得分。

(3) 嗅辨

另一种模式是测定其强度来表征未知气味属性(香味、香气、恶臭等)。

目前,气味评价是采用嗅觉测定法或感官评价小组嗅觉评价。通过气味测量和多参数函数,很容易得到一个客观的测量结果,并根据该方法给出一个强度值,如图 6.17 所示。

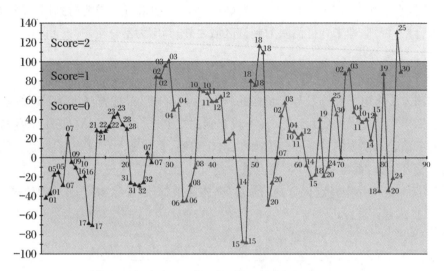

图 6.16　多波段 SQC 显示各类感官评分产品(0,1 或 2)

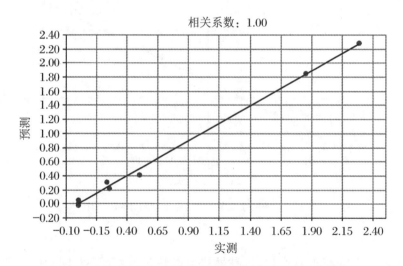

图 6.17　使用多参数函数获取客观测量的应用程序的图示

6.4　电子鼻主要缺陷

在电子鼻应用的早期,用户不满意的方面有以下几点:

(1) 重复性较差。这个问题原因较复杂。

(2) 载气变化影响分析结果[1-2]。建议将电子鼻与 TOC 发生器连接,连续提供质量恒定的高质量纯净空气,消除载气波动并提高重复性。

(3) 分析样品重量不一致会导致顶空变化。当然现在可以精确称量分析瓶中样本的数量或体积。此外,顶空进样,特别是手工进样,并不总是一致。因此现在采用自动进样器来保证顶空生成和进样的重复性和可靠性。

(4) 传感器漂移经常被报道。漂移可能是由于随着时间的推移老化和/或响应漂移[3-5]。一些用户建立了校准方法[4],包括定期分析参考化合物,以检查测量重复性和检测潜在漂移。目前,一些电子鼻仪器的制造商提供了一个定期自动诊断传感器灵敏度方案,该方案测定参考化合物。此外,还可以自动采用平差数学模型。因此,需要反复检查传感器并确保其正常工作。

(5) 对环境条件(湿度、温度)敏感:以前,温、湿度对传感器的影响是电子鼻主要缺点[6-7]。当时为了克服这一问题,进行了多项技术改进。在一些仪器中安装湿度传感器,以跟踪分析过程中的水分含量。使用 TOC 发生器可以确保提供干燥空气(湿度小于 5 ppm)。至于温度,传感器室现在有恒温器来保持传感器的恒温。传感器寿命:此寿命取决于传感器类型,MOS 为 18~24 个月,导电聚合物和 QMB 为 6~9 个月。目前,由于生产工艺的改进,传感器的使用寿命不断提高。传感器的非专一性:一些研究[3]提到传感器对挥发性化合物缺乏专一性的缺点。事实上,就像人的嗅觉感受器一样,传感器也是有意识地进行交叉选择,以便对最广泛的化合物做出响应。现在有些仪器为了检测一个目标采用专一性检测器或传感器。此外,可以根据用户的应用和目标,通过预先的检测选择传感器来优化结果。

(6) 数据库建立和方法开发时间长[7]:收集代表性样品,通过几种方法(感官小组,GC,GC/MS)定性很困难,因此建立数据库需要花费大量的时间。最新开发的数学模型,特别是质量控制应用,仅需要很少的样本就可以建立参考模型。此外,现在制造商倾向于制定和推荐标准操作程序,以确定所需样品的最佳数量,从而节省时间。

（7）软件不易使用[8]：软件开发是持续技术改进的一部分。目前，电子鼻软件提供的工具是为了易于数据处理，非熟练用户也可以使用这些工具。

6.5 市场和应用

6.5.1 应用范围

研发实验室、质量控制实验室以及生产部门使用电子鼻的几个目的：

（1）研发实验室：

① 产品配方或配方调整；

② 竞争产品基准测试；

③ 货架期和稳定性研究；

④ 原材料筛选；

⑤ 包装相互影响；

⑥ 简化消费者偏好测试。

（2）质量控制实验室：

① 原料、中间体和产品的符合性；

② 批间一致性；

③ 检测污染、腐败、掺假；

④ 原产地或供应商筛选；

⑤ 监测储存条件。

（3）生产部门：

① 监测原料波动；

② 与参考产品比对；

③ 测定和对比制造过程对产品的影响；

④ 跟踪现场加工效率；

⑤ 放大生产监测；

⑥ 现场清洁监测。

应用领域包括：

香料和香精:选择所需香精[9],检查产品[10]或原料[11]质量。

食物:鱼类鲜度监测[12,13],熟肉的香气特征[14,15],肉类变质[16]和质量[17-19],水果成熟度[20,21]或品种[1]差异,蔬菜[22]和牛奶[23]保质期,奶酪质量[24]及变质[25,26],食用油质量控制[4,5,8,27]及分类[28]。

饮料:茶[6,29]和咖啡[3,30]香气分析,啤酒陈化期优化[31],生产过程对苹果汁质量的影响[32],果汁的鉴别[2,33]和认证[34],结果与感官评价相关性[35]。

烟草的香气分析[36]。

包装:聚合物颗粒气味分析[37]。

(4) 制药工业:

评估包衣片中难闻气味[38],鉴别和量化口服制剂的各种香味[39]。

(5) 营养保健品:

营养饮料的适口性评价[40],人参产地识别[41]。

(6) 化妆品和香水:

混合物中原料的定性定量[42]或各种香水的识别[43],其他应用包括亲和力、嗅觉强度、一致性评价,难闻气味掩盖效果评价,根据质量选择原料[44]。

(7) 化工产品:

清洁产品中香水的再现和定量[45],蜡烛香气评价[46],汽车工业中聚合物纺织薄膜和泡沫的气味分析[47],油气味评价[48],化学品保质期[49]。

(8) 环境:

废水气味分析[50],饮用水质量监测[51],鱼体内污染检测[52,53],空气中气味强度测量[54],空气质量监测[55]。

下面将详细介绍几个实例研究:

实例 1 香水中的香料化合物检测[42]。

国际香精香料公司(阿根廷)和阿根廷化妆品协会进行本研究,比较了三种方法(电子鼻,GC/MS 和感官)检测混合物中的一种化合物。

实例 2 化妆品的天然原料[11]:安息香胶的挥发性成分表征。

夏拉波公司(法国)和尼斯大学(法国)利用电子鼻研究了各种情况下(产地、年份、等级)香原料的质量。

实例 3 家庭护理产品[45]:使用电子鼻定性定量香水清洁剂。

Promer 公司(法国)开展该项研究,目的是在各种香水中找出最符合预期目标的香水,然后在添加过程中量化配方中的香水浓度。

实例 4 药品[39]:液体口服制剂的香味分析。

默克公司(美国)药物制剂部门首次采用电子鼻鉴别药物中的各种香料,一旦在配方中引入香料,就可以利用电子鼻定性定量。

6.5.2　香精中香味化合物检测

香精中头香的组成识别是一个常见问题,这种评价通常需要人工完成的。最近,为了比较各种方法的鉴别能力[42],采用 3 种方法检测香精中的一种化合物(芒果香):电子鼻,包括 11 个基于锡氧化物的传感器阵列、一个 GC/MS 系统和一个由 20 名训练有素的专家组成的感官小组。选择芒果香是因为它的感官阈值较低,并且与香精成分(青香和松果香)属于不同的嗅香特征(柑橘香、葡萄柚香)。连续稀释芒果的香味进行测试,稀释范围在 0.1%～0.000 01%之间。

感官小组评价采用三角检验法:每名小组成员必须嗅辨 3 个样本、2 个纯香精样本和 1 个含有芒果香样本,小组成员必须指出 3 个样本中的差异样本。当小组成员识别出差异样本时,个体识别被认为是阳性。对于由 20 名成员组成的整体小组,当 70%的小组成员通过测试时,测试结果确定为阳性。

在浓度为 1%～0.1%之间,这三种方法都可以识别香精中的芒果香(表 6.3)。浓度更低时(0.01%),只有电子鼻可以识别芒果香。

表 6.3　GC/MS,感官小组和电子鼻检测香精中芒果香的比较

芒果香浓度*	GC/MS**	传感器组 (小组中成功识别百分比)	电子鼻**
1	能	能 (100%)	能
0.1	能	能(89%)	能
0.01	不能	不能(37%)	能
0.001	不能	不能(45%)	能
0.0001	不能	不能(30%)	能

* 这些数值表示在香味测试中芒果香的百分比(重量/重量)。

** GC/MC 能够识别香味测试中芒果香的百分比。

稀释香精中芒果香化合物,电子鼻比 GC/MS 和训练有素的感官小组具有更低的检测阈值。

6.5.3　化妆品天然原料:安息香胶挥发性成分的表征

安息香胶是高档香精香料的常用配方[11]。因为它们可以用手工方法生产,由每个生产商在当地分级,并由经纪人交易,所以原材料的质量和一致性很难检查。

此外,它们的价格根据要求的质量来定义。因此,客户和生产商必须客观地评估原材料的质量。此外,价格由所报的质量等级确定。因此对用户和生产商来说,客观地评估原材料的质量至关重要。

采用了有 18 个金属氧化物传感器(FOX 4000,Alpha MOS,法国)的电子鼻分析几种安息香胶,以确定安息香胶的质量和嗅觉特征。选择的因素有采摘年份、原产地、香气等级。该方法也可用于检测仿造的安息香胶。

样品和操作条件详见表 6.4 和 6.5。

表 6.4　安息香胶分析 FOX 电子鼻操作条件

传感器陈列	18 个传感器
样品质量	0.2 g
顶空产生条件	60 ℃,10 min
注入体积	500 μL
获取时间	120 s

表 6.5　安息香胶样品

来源	等级	样品数目
泰国	2 - 3 - 5	13
苏门答腊	A - B - C - D	17
伪造品	未定	3
未知样	?	23

1. 原产地鉴定

泰国(红色)和苏门答腊(蓝色)安息香胶区分度明显(雷达图如图 6.18 所示)。采用同样方法,可以明显区分泰国、苏门答腊和仿造安息香胶(判别因子分析,如图 6.19 所示)。产地成功识别率很高(99%)。

2. 采摘年份识别

实现了基于采摘年份的清晰识别(PCA 方法,如图 6.20 所示)。

3. 等级鉴别

泰国安息香胶(13 个样品):泰国三个质量等级安息香胶(13 个样本)可以显著区分(DFA 图 6.21)。

FOX 电子鼻基于各种标准快速成功地区分了安息香胶。原料质量控制和预测采用传统技术如气相色谱和感官分析,电子鼻则提供了替代传统技术的快速技术。电子鼻是香精香料行业快速、客观地检验原料质量的工具。

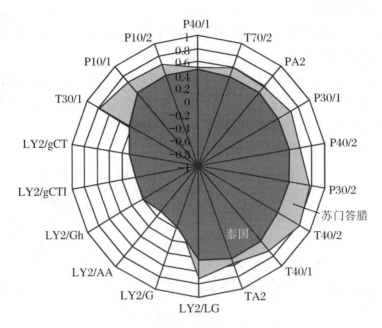

图 6.18 安息香胶传感反应雷达图

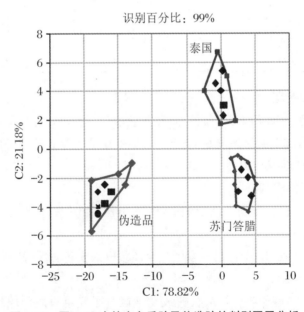

图 6.19 图 6.18 中的安息香胶及仿造胶的判别因子分析

识别百分比：100%

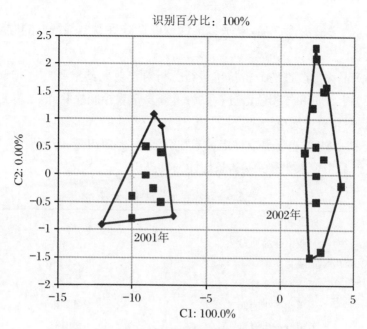

图 6.20　不同采摘年份安息香胶的主成分分析

识别百分比：90%

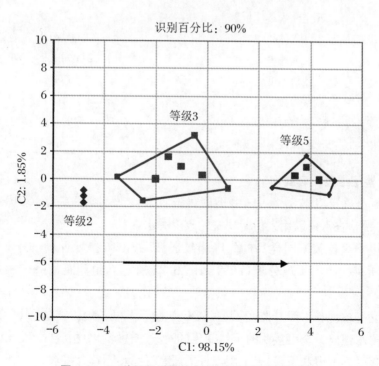

图 6.21　三种不同质量的安息香胶的判别因子分析

6.5.4 家庭护理产品:电子鼻定性定量在芳香清洁剂行业的应用

芳香产品采用改进的分析技术进行分析对工业尤其重要[45]。传统的分析方法依赖于感官评价和气相色谱分析。为了开发常规控制检测,电子鼻正日益受到关注,该技术相对更简单快速。

下面采用 MOS 电子鼻定性定量芳香清洁剂,鉴定出最佳产品作为参考样本,定量测定产品中香水含量。实验条件详见表 6.6。

表 6.6 玫瑰香水分析操作条件

样品制备:	
瓶中样品质量	1 mL
瓶总体积	10 mL
顶空产生条件:	
顶空产生时间	10 min
顶空产生温度	40 ℃
搅拌速率	500 rpm
顶空注入条件:	
注入体积	2 000 μL
注入速率	2 000 μL/s
注射温度	45 ℃
获取参数:	
获取时间	120 s
两次注射间隔时间	18 min

1. 鉴定最佳配套香水

目标是确定 3 款香水中(由不同供应商精心设计,标签为 RO10、RO15 和 RO20),哪款香水可以用来仿制现有的玫瑰香水。

用电子鼻比较不同样品的气味指纹图谱,找出与参考香水——玫瑰最相似样本。所有样品均实现分组(PCA 如图 6.22 所示),组间距离决定样本之间相似度。

建立了玫瑰香水质量监测模型(SQC 如图 6.23 所示)。在这个 SQC 模型中,用玫瑰香水建立一个可接受的天然变化(即香气质量变化)相应区域。模型直观给出了可接受的上限和下限;上下限以外的所有样品均不符合需求。

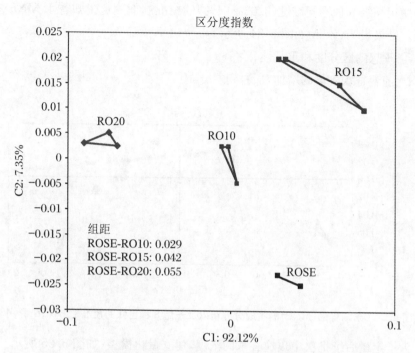

图 6.22　三种具有玫瑰香气的清洁产品和参考样品的主成分分析

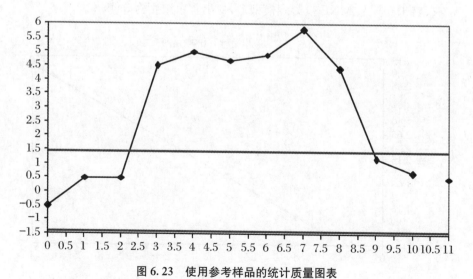

图 6.23　使用参考样品的统计质量图表

说明了两种清洁产品如何被确定为超出玫瑰香气的可接受的自然变化

2. 香水浓度定量

使用一组 8 种不同浓度(0.6%~4%)的校准制剂测定未知香水 MNE 中香水含量。结果表明(PCA 如图 6.24 所示):

① 理想的区分度和重复性;

② 随着香水含量的增加,从右到左分布。

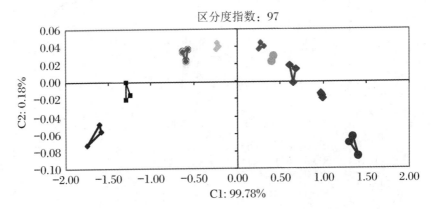

图 6.24　未知样品(MNE)的主成分分析以及一组 8 种已知的校准配方(0.6%~4%)

为了定量后续批次中玫瑰香水的浓度,建立量化模型(如图 6.25 所示)。该模型表明:

① 相关系数高达 0.998;

② 将未知样品 MNE 投影到模型上,得出香水浓度为 3.49%。

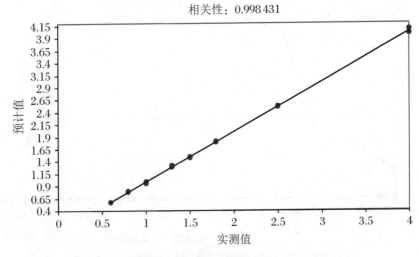

图 6.25　与图 6.24 相同的未知样品的偏最小二乘分析

3. 结论

对于香料仿制,获得的结果与感官评价一致。电子鼻在产品定位及匹配配方的筛选方面具有非常好的前景。对于定量,在建立校准模型之后,系统可以准确预测溶液中香水含量。电子鼻已经成功应用于香水添加量过程变化的日常监测之中。

6.5.5 药品:液体口服制剂的香味分析

香料广泛应用于食品和饮料工业、个人护理和医药产品中。为了配方的改进、稳定性和质量控制,对不同香味进行定性定量非常有必要。

采用人体感官评价和其他传统分析方法可以定性定量分析配方中的香料,而电子鼻技术是这些方法的有益补充。通过电子鼻技术实现定性定量了6种不同香料。样品和实验条件详见表6.7和6.8。

表 6.7　液体口服制剂样品

分析	样品名称	样品描述
定性分析		
批量分析	A1,A2,A3,A5	覆盆子味安慰剂(多种原料)
老化分析	A4	样品 A1 在室温下储存 8 个月
配制标准溶液 A6~A11	A6~A10	分别用樱桃、草莓、红莓、菠萝和橙子调味的安慰剂
	A11	没有任何味道的安慰剂
3 种未知样品(由一位分析师准备,并由另一位没有风味知识的人进行分析)	未知样 1 和 2	4 mg/mL 覆盆子味和红莓味
	未知样 3	混合液:2 mg/mL 覆盆子味 + 2 mg/mL 草莓味
定量分析		
来自制造商批次 4 的覆盆子口味的配制标准	B1	来自制造商批次 4 的 1.01 mg/mL 覆盆子口味
	B2	来自制造商批次 4 的 2.01 mg/mL 覆盆子口味
	B3	来自制造商批次 4 的 3.00 mg/mL 覆盆子口味
	B4	来自制造商批次 4 的 4.04 mg/mL 覆盆子口味
	B5	来自制造商批次 4 的 5.02 mg/mL 覆盆子口味

表 6.8   电子鼻分析液体口服制剂的操作条件

传感器陈列	18 个传感器
样品体积	1 mL
顶空条件	40 ℃ , 240 s
注入体积	2 mL
获取时间	120 s

1. 香料样品鉴别(图 6. 26)

这六种香料具有较高的判别指数。该仪器重现性高(测量精度 RSD = 1. 3%，方法精度 RSD = 0. 5%)，除覆盆子香料外，其他样品变异较小。因此，进一步分析覆盆子香料并检测可能的批间变化。

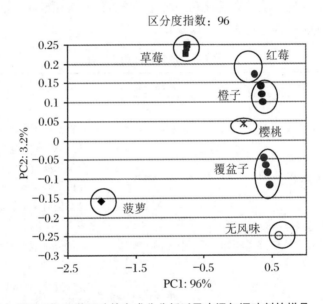

图 6. 26   6 种口味的主成分分析以及未添加调味剂的样品

2. 与感官小组分析的相关性(图 6. 27)

为了检验电子鼻检测结果与人体感官评价的相关性，利用香料组成已知的溶液建立模型，然后分析新样品进行验证。结果显示：

① 正确识别未知样本 1(覆盆子)和样本 2(红莓)；

② 未知样本 3(覆盆子和草莓的混合物)被确定含有草莓味。人嗅辨时对该样本的感受也是草莓味，尽管它的气味与只含有草莓味的样本并不完全相同。

因此，电子鼻的评价结果与人类鼻子相关联，表明电子鼻的辨别能力与人类鼻子相当。

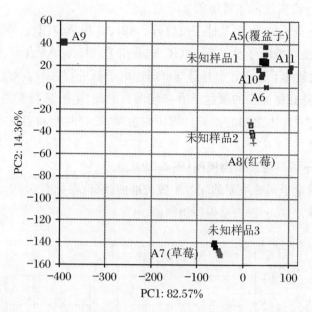

图 6.27　3 种口味的主成分分析以及 3 种未正确识别的未知物

3. 批间变异分析——鉴别新鲜和陈化样品(图 6.28)

为了掌握覆盆子香味变化,研究了贮存条件对香味稳定性的影响,分析了 5 个不同批次的新鲜或陈化覆盆子香料。样品 A1 和 A4(A3 在室温下储存 8 个月即得到 A4)与其他三批覆盆子香料(A2,A3 和 A5)相比具有明显不同的指纹图谱。样

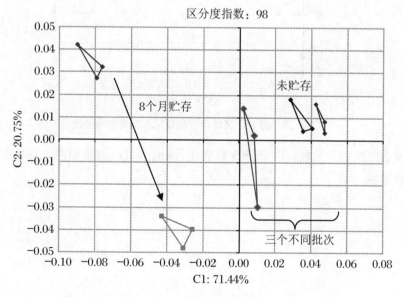

图 6.28　4 种口味和一种贮存 8 个月的样品主成分分析

品 A2,A3 和 A5 只显示非常小的批间变化。

气相色谱分析显示,与其他三批(样品 A2,A3 和 A5)相比,样品 A1 具有不同的峰轮廓,这意味着电子鼻结果与 GC 结果相关。样品 A4 含有相同批次的样品 A3,但在环境条件下贮存 8 个月后则可通过电子鼻进行区分。对这两个样品的人鼻评估证实,陈化样品中的覆盆子香味较弱。因此,电子鼻与人类鼻子一样,可以识别新鲜和陈化样本之间的差异。该研究表明,贮存时间和温度可能会影响制剂中的香料质量。

4. 覆盆子香料浓度预测模型(图 6. 29)

由已知覆盆子风味浓度的配方生成校准曲线(请参见图 6.29)。x 轴表示标准品的实际风味浓度,y 轴表示模型预测值。

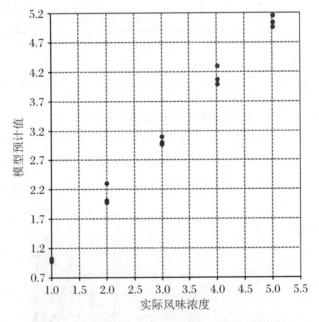

图 6.29　覆盆子风味浓度的偏最小二乘校准曲线

校准曲线相关系数($R = 0.995\,4$)表明,该模型可以准确预测未知样品中覆盆子香料浓度。

结 论

电子鼻可以定性地鉴别并识别各种未知香料和批间样品,也可鉴别新鲜和陈化香料,还可以进行定量分析。

该分析仪是一种快速工具,具有很强的选择性和灵敏度,不仅可以在释放检验中检测香料浓度,根据批次和供应商对原料的质量进行检验,还可以监测货架期内香味稳定性。因此,它是建立药物制剂的香料数据库的有效工具,从而加速配制过程。

参 考 文 献

[1] Hirschfelder M，Hanrieder D，Ulrich D. Discrimination of Strawberry Varieties by a Gas Sensor Array in Correlation with Human Sensory Evaluation[J]. Seminars in Food Analysis，1998，3：27-36.

[2] Goodner K L，Baldwin E A. The Use of an Electronic Nose to Differentiate NFC Orange Juices[J]. Proc. Fla. State Hort. Soc.，2000，113：304-306.

[3] Gretsch C，Toury A，Estebaranz R，et al. Sensitivity of Metal Oxide Sensors Towards Coffee Aroma[J]. Seminars in Food Analysis，1998(37/38/39/40/41/42)：5-13.

[4] Jones H，Engelen-Cornax J. Quality Control of Edible Oil Using an Electronic Nose[J]. Seminars in Food Analysis，1998，3：15-25.

[5] García-González R，Aparicio R. Detection of Defective Virgin Olive Oils by Metal Oxide Sensors[J]. European Food Research & Technology，2002，215(2)：118-123.

[6] Dutta R，Kashwan K R，Bhuyan M，et al. ElectronicNose Based Tea Quality Standardization[J]. Neural Networks，2003，16(5/6)：847-853.

[7] Carrasco A，Saby C. Discrimination of Yves Saint Laurent Perfumes by an Electronic Nose［J］. Flavour and Fragance Journal，1998，13：335-348.

[8] Shiers V，Adechy M. Use of Multi-sensor Array Devices to Attempt to Predict Shelf-lives of Edible Oils［J］. Seminars in Food Analysis，1998，3：43-52.

[9] Fukai S，Abe Y. Discrimination of Lily Fragrance by Using an Electronic Nose［C］. Actahorticulturae（International Society for Horticultural Science）Proceedings of the 20th International Eucarpia Symposium，2002：572.

[10] Strassburger K. Electronic Nose Technology in the Flavor Industry：Moving from R&D to the Production Floor［J］. Seminars in Food Analysis，1998，3：5-13.

[11] Fernandez X ，Castel C ，Lizzani-Cuvelier L ，et al. VolatileConstituents of Benzoin Gums：Siam and Sumatra. Part 3. Fast Characterization with an Electronic nose［J］. Flavour & Fragrance Journal，2010，21(3)：439-446.

[12] Haugen J E，et al. Rapid Control of Smoked Atlantic Salmon（Salmo Salar）Quality by Electronic Nose：Correlation with Classical Evaluation Methods［J］. Sensors & Actuators B，2005，116(1/2)：72-77.

[13] Olafsdottir G ，Chanie E ，Westad F ，et al. Prediction ofMicrobial and Sensory Quality of Cold Smoked Atlantic Salmon（Salmo salar）by Electronic Nose［J］. Journal of Food Science，2010，70(9)：S563-S574.

[14] Taurino A M ，Monaco D D ，Capone S ，et al. Analysis ofDry Salami by Means of an Electronic Nose and Correlation with Microbiological Methods［J］. Sensors and Actuators B Chemical，2003，95(1)：123-131.

[15] Otero L，et al. Detection of Iberian Ham Aroma by a Semiconductor Multisensorial System［J］. Meat Science，2003，65(3)：1175-1185.

[16] Boothe D D ，Arnold J W . Electronic nose analysis of volatile compounds from poultry meat samples，fresh and after refrigerated storage［J］. Journal of the Science of Food & Agriculture，2010，82(3)：315-322.

[17] González-Martín I，et al. Differentiation of Products Derived from

Iberian Breed Swine by Electronic Olfactometry (Electronic Nose)[J]. Anal. Chim. Acta, 2000, 424: 279-287.

[18] Suwansri S, Pohlman F W, Meullenet J-F, et al. Application of an Electronic Nose for Discrimination of Ground Beef Quality through Simulated Retail Display[C]. IFT, Annualmeeting-NewOrleans, LA, presentation30C-11, June23-27, 2001.

[19] O'Sullivan M G, Byrne D V, Jensen M T, et al. A Comparison of Warmed-over Flavour in Pork by Sensory Analysis, GC/MS and the Electronic Nose[J]. Meat Science, 2003, 65(3): 1125-1138.

[20] Saevels S, et al. Electronic Nose as a Non-destructive Tool to Evaluate the Optimal Harvest Date of Apples [J]. Postharvest Biology and Technology, 2003, 30(1): 3-14.

[21] Supriyadi, et al. Maturity Discrimination of Snake Fruit (Salacca Edulis Reinw.) cv. Pondoh Based on Volatiles Analysis Using an Electronic Nose Device Equipped with a Sensor Array and Fingerprint Mass Spectrometry[J]. Flavor and Fragrance Journal, 2004, 19: 44-50.

[22] Benedetti S, Toppini P M, Riva M. Shelf Life of Fresh Cut Vegetables as Measured by an Electronic Nose: Preliminary Study[J]. J. FoodSci., 2003, 13: 201-212.

[23] Labrèche S, Bazzo S, Cadé S, et al. Shelf Life Determination by Electronic Nose: Application to Milk [J]. Sensors & Actuators B: Chemicals, 2005, 106: 199-206.

[24] Decker M, Trihaas J, Nielsen P V. White Mould Cheese: New Tools for Objective quality Evaluation[D]. Copenhagen: Technical University of Denmark, 2003: 210.

[25] Chung H, PartridgeJ, Harte B. Evaluation of Light Deterioration in Cheddar Cheese Using the Olfactory Sensing Technique [C]. IFTAnnualmeeting-Chicago, IL, presentation71-4, July12-16, 2003.

[26] Drake M A, Gerard P D, Kleinhenz J P, et al. Application of anElectronic Nose to Correlate with Descriptive Sensory Analysis of Aged Cheddar Cheese[J]. LWT-Food Science and Technology, 2003, 36 (1): 13-20.

[27] Ma C, Pavón J L P, Pinto C G, et al. Electronic Nose Based on Metal

Oxide Semiconductor Sensors as a Fast Alternative for the Detection of Adulteration of Virgin Olive Oils[J]. Analytica Chimica Acta, 2002, 459 (2): 219-228.

[28] Gonzalez Y, Perez J L, Moreno B, et al. Classification of Vegetable Oils by Linear Discriminate Analysis of Electronic Nose[J]. Anal. Chim. Acta, 1999, 384: 83-94.

[29] Ou A S M, Chen L S. Aroma Quality Analysis of Taiwan Local Tea by Sensory Evaluation an Delectronic Nose [C]. IFTAnnualmeeting-NewOrleans, LA, presentation73G-11, June23-27, 2001.

[30] Costa Freitas A M, Parreira C, Vilas-Boas L. The Use of an Electronic Aroma Sensing Device to Assess Coffee Differentiation: Comparison with SPME GC-MS Aroma Pattern[J]. J. Food Comp. Anal. , 2001, 14: 513-522.

[31] Mckellar R C, Young J C, Johnston A, et al. Use of the electronic nose and gas chromatography-mass spectrometry to determine the optimum time for aging of beer[J]. Master Brewers Association of the Americas Technical Quarterly, 2002, 39: 99-105

[32] Rye G G, Mercer D G. Changes inHeadspace Volatile Attributes of Apple Cider Resulting from Thermal Processing and Storage[J]. Food Research International, 2003, 36(2): 167-174.

[33] Goodner K L, Baldwin E A. The Comparison of an Electronic Nose and Gas Chromatograph for Differentiating NFC Orange Juices[J]. Proc. Fla. State Hort. Soc. , 2001, 114, 158-160.

[34] Steine C, Beaucousin F, Siv C, et al. Potential of Semi-conductor Sensor Arrays for the Origin Authentification of Pure Valencia Orange Juices [J]. J. Agric. Food Chem. , 2001, 49: 3151-3160.

[35] Bleibaum R N, et al. Comparison of Sensory and Consumer Results with Electronic Nose and Tongue Sensors for Apple Juices[J]. J. Food Qual. Pref. , 2002, 13: 409-422.

[36] Robie D J. Comparison of Two Electronic Noses: Three Tobacco Applications[J]. Seminars in Food Analysis, 1997: 247-256.

[37] Das R. Development of Electronic Nose Method for Evaluation of HDPE Data, Correlated with Organoleptic Testing[J]. Packaging Technology

and Science, 2007, 20(2): 125-136.

[38] Ohmori S, Ohno Y, Makino T, et al. Application of an electronic nose system for evaluation of unpleasant odor in coated tablets[J]. European Journal of Pharmaceutics & Biopharmaceutics, 2005, 59(2): 289-297.

[39] Zhu L, Seburg R A, Tsai E, et al. FlavorAnalysis in a Pharmaceutical Oral Solution Formulation Using an Electronic-nose [J]. Journal of Pharmaceutical and Biomedical Analysis, 2004, 34(3): 453-461.

[40] Kataoka M, Yoshida K, Miyanaga Y, et al. Evaluation of theTaste and Smell of Bottled Nutritive Drinks [J]. International Journal of Pharmaceutics, 2005, 305(1/2): 13-21.

[41] Sohn H J, et al. Discrimination of Ginseng Habitat by Using Instrument Alanalysis Techniques[J]. 2002, 106(1): 7-12.

[42] Branca A, et al. Electronic Nose Based Discrimination of a Perfumery Compound in a Fragrance[J]. Sensors and Actuators B: Chemical, 2003, 92(1/2): 222-227.

[43] Ormancey X, Puech S, Bernard A, et al. NewApplications in Olfactometry. [J]. La Presse Médicale, 1998, 40(11): 1083-1085.

[44] Ormancey X, Puech S, Coutière D. Substantivity of Fragrances on cloth [J]. Perfumer & Flavorist, 2000, 25: 24-29.

[45] Poprawski J, Boilot P, Tetelin F. Counterfeiting and Quantification Using an Electronic Nose in the Perfumed Cleaner Industry[J]. Sensors & Actuators B, 2005, 116: 156-160.

[46] International Group Incorporation (IGI). Candle New Waxes: Investigation of the Effects of Each Blend Colour, Fragrance Throw, Wick Choice, Burn Properties[N]. NCA White Paper. 2004

[47] Boilot P, et al. Sensor Array System in the Automobile Industry: Study on Polymer Textile Films and Foams [C]. Pittcon Conference and Exposition, March 10-15, Orlando, Florida, 2003.

[48] Janata J, Josowicz M, Sepcic K. Sensing Array for Oil Diagnostics[C]. International Symposium on Olfaction and Electronic Nose, Riga, Latvia, June 26-28, 2003.

[49] Hansen W, Van Der Bol H, Wieslemann S. Combined Use of Electronic Nose with Purge and Trap GC-MS in Chemical Shelf-life Study [C].

Pittcon Conference and Exposition，March 10-15 Orlando，Florida，2003.

[50] Dewettinck T，Van Hege K，Verstraete W. The Electronic Nose As a Rapid Sensor for Volatile Compounds in Treated Domestic Wastewater [J]. Water Research，2001，35(10)：2475-2483.

[51] Gardner J W，Shin H W，Hines E L，et al. AnElectronic Nose System for Monitoring the Quality of Potable Water[J]. Sensors and Actuators B，2000，69：336-341.

[52] York R K，Mitchell S，Cosham C. Feasibility Study on Electronic Nose Evaluations of Quality and Tainting in Fish Correlated with the Quality Assessments by an Expert Assessor/Inspector［C］. International Symposium on Olfaction and Electronic Nose Rome，Italy，Sept. 29—Oct.2，2002.

[53] Bencsath F A，et al. Analysis of Petroleum Tainted Seafood with Electronic Nose and Gas Chromatography/Mass Spectrometry[C]. FDA Science Forum，Washington D.C.，February 14-15，2000.

[54] Hudon G，Guy C，Hermia J. Measurement of odor intensity by an electronic nose.［J］. Journal of the Air & Waste Management Association，2000，50(10)：1750-1758.

[55] Prica M. Electronic Nose Studies of Air Quality Monitoring in Australia ［C］. Field Screening Europe 2001，The 2nd International Conference on Strategies and Techniques for Investigation and Monitoring of Contaminated Sites，Karlsruhe，Germany，May 14-16，2001.

第7章

质谱/电子鼻联用仪：
快速质量控制分析工具

7.1　引　　言

1998 年，Hewlett Packard 公司（现为 Agilent 科技公司）首先将一种质谱结合快速顶空的专用质量控制分析仪器——HP4440A——引入商业应用领域。与固态电子鼻类似，质谱电子鼻最初广泛应用于香精香料的质量控制，以补充甚至取代耗时耗财的人工感官评价。不仅如此，它们的实用性还进一步扩展到了许多其他重要的工业质量控制应用中。

2002 年，Agilent 科技公司将 HP4440A 的培训、支持和进一步开发转让给 Gerstel 公司，Gerstel 公司将 HP4440A 更名为 ChemSensor。虽然所有 GC/MS 系统都可以用作质谱电子鼻，但是 ChemSensor 还集成了 Pirouette 多变量分析软件以及复杂的宏和算法，这些宏和算法可以自动将大量的质谱信号强度数据转换为 Pirouette 兼容的电子表格格式。ChemSensor 由 Agilent、Gerstel 和 Infometrics（华盛顿州博塞尔市）公司共同开发，Infometrics 公司是公认的多元统计分析软件领导者。ChemSensor 软件提供了多种算法和宏，可以实现数据无缝传输和操作，大大简化了校准和预测处理。ChemSensor 软件的另一个优势是它嵌入到了 Agilent 化学工作站中，所以 ChemSensor 质谱电子鼻也可以作为传统的 GC/MS 使用。Agilent 质谱的升级版本提高了仪器的灵敏度和惰性，可以纳入到 ChemSensor 的当前版本中。

在某些方面，ChemSensor 类似于导电聚合物传感器、金属氧化物传感器、表面声波（SAW）传感器、石英微天平（QMB）传感器等固态电子鼻。然而，这种顶空进样质谱与固态传感器之间的差异非常显著，因此质谱方法不应被看作电子鼻的一个子集。ChemSensor 质谱仪已被证明能够克服电子鼻技术的许多局限性。表 7.1 比较了固态传感器电子鼻和 ChemSensor 的优缺点。

表 7.1　固态电子鼻仪和质谱电子鼻仪的优缺点

技　　术	平均吞吐量	主要优点	主要缺点
固态传感器	中等 (5~15 min/样品)	对各种分析物有反应; 最少样品制备; 可小型化; 易于在线实施	传感器中毒; 传感器过载; 无结构信息; 校准耗时; 酒精和水干扰; 相对湿度等变化引起 的短期和长期漂移
顶空进样质谱 (ChemSensor)	中等 (3~5 min/样品)	对所有挥发物响应; 最少样品制备; 快速的方法开发; 结构信息; 同一仪器可用作 GC-MS 来测定不合格样品的特 定化学成分	需要真空泵; 调谐不一致性; 无法区分光学异构体

7.2　工　作　原　理

图 7.1 显示了传统 GC/MS 和 ChemSensor 采集数据的差异,该图是受到 1 300 ppm 生产线消毒剂 Matrixx 污染的牛奶样品的常规 GC-MS 色谱图。Matrixx 污染的牛奶具有氧化型风味,很难从味道上与轻度污染的牛奶区分开来。Matrixx 中的活性成分是过氧乙酸和辛酸。牛奶中的 Matrixx 可以导致油酸被过氧化氢氢化成庚醛。辛酸、乙酸(过氧乙酸分解产物)和庚醛三种关键化合物是消毒剂污染的良好指示剂,可能存在异味风险。虽然传统的 GC/MS 检测可用于确认加工后牛奶的 Matrixx 污染,但这种方法存在的问题是色谱分析(至少 20 min)和随后的谱图解析都很耗时,不适宜于监测生产样品的快速筛选检测。

另一个更为实用的高效筛选大量被消毒液污染的牛奶样品的方法是顶空 ChemSensor。在这种方法中,毛细管保留间隙柱(一根长约 1 m 没有涂层的熔融石英毛细管柱)替代色谱分析柱(通常为 30 m 长)。分析时间从 20 min 缩短到 2 min 以内。然而,这也失去了鉴定单个化学成分的能力。通过分析大量的对照(正

常味道)牛奶样品和几个有意添加消毒剂污染的样品,可以将多元分析技术应用于
"训练"化学计量学软件,以区分 Matrixx 污染样品与对照样品的的质谱强度模式。
化学计量学软件可以用来开发一个分类模型。在模型建立以后,就可以用来对未
知的牛奶样品进行分类预测(即被消毒剂污染或没有被污染)。模型适当校准以
后,从样品测试到样品分类的整个过程将自动完成,且每完成一个样品只需 2~3
min。现已经发表的几个应用实例显示了质谱电子鼻的实用性[1-12]。

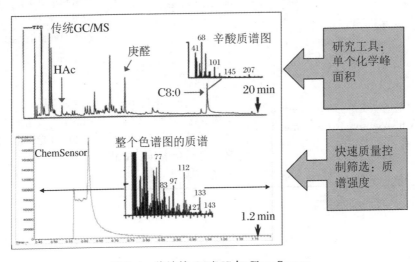

图 7.1　传统的 GC/MS 与 ChemSensor

样品:2%的牛奶被 1 300 ppm 的 Matrixx 消毒剂污染

对于固态电子鼻,必须在购买前指定传感器的数量和类型。而采用质谱作为
化学传感器时,则不需要预先配置。例如,当使用 Gerstel 公司 ChemSensor、采用
安捷伦 5975 质谱检测器,且质谱扫描范围为 2~1 050 道尔顿时,相当于使用了
1 049 个固态传感器,用户可根据样本基质、预想的分析物等选择扫描范围。典型
的质谱扫描推荐范围是 $m/z = 50 \sim 300$。

样本生成的质谱强度数据由 Gerstel 宏转换为电子表格格式,然后使用
Pirouette 软件(Infometrix 公司)的多变量分析算法将数据转换为可用的可视化
格式。

无论是使用固态电子鼻还是质谱电子鼻,方法开发的第一步都是使用预先分
类的已知样品(如地理区域、保质期、风味评分等)来校准仪器。如果目标是根据咖
啡样本的地理来源对其进行分类,则必须首先分析来自各个地理区域的多个"已
知"咖啡样本(例如,5~10 个),每一组咖啡样本的化学成分变化范围应涵盖每一
特定组咖啡通常的化学变化范围。一旦校准完成,将采用未知样本中,每个选定质

荷比(m/z)的质谱强度作为指纹,与校准样品的谱图进行比较。实际上,这种方法类似于为已知化合物创建一个传统的 GC/MS 库,然后将样品色谱图中未知色谱峰与之进行比较。常规的 GC/MS 测试是将色谱峰的质谱与库质谱进行比较,来鉴别化学物质的。对于质谱电子鼻,使用的是用于表征样本中所有挥发性化学物质的质谱图谱,而不仅仅是一种化学物质的质谱图谱。事实上,标准的 GC/MS 谱库工具已被用于识别产品,而不是单一化合物[13]。因此,无需考虑色谱峰分辨率,也无需为加快分析速度而牺牲色谱峰分辨率。

如本书第 5 章所述的,应使用探索性技术——如主成分分析(PCA)和/或分层聚类分析(HCA)——来检验样品的校准结果(例如在咖啡示例中,采用的是已知的不同地理区域的咖啡)。同类样本应该在 PCA 图中聚集在一起。否则,应进行数据预处理。如果聚类失败,则应仔细检查 PCA 的载荷、残差和异常诊断图,从而确定可以去除哪些质荷比和/或样本,以改进聚类。

如果最终的目标是确定未知样品的分类(例如,来自危地马拉、巴西、牙买加等地的未知咖啡样品),则可以将未知样品的质谱强度与校准样品进行比较。利用 k 最近邻(k-NN)或软独立建模分类(SIMCA)等多变量算法建立模型,可以对未知样品进行分类。一旦建立了模型,就可以预测未知样本分类。

如果多元分析研究的目标是预测风味得分、保质期或其他一些离散的连续性,就可以采用主成分回归(PCR)或偏最小二乘法(PLS)建立模型并预测未知样品的离散连续性。

7.3 质谱法相较于固态传感器的优点

固态电子鼻易受样品中水和乙醇的干扰,这不仅降低了有待区分的重要化学成分的检测灵敏度,而且由于传感器重新稳定需要时间,从而也降低了样品处理量。另一个严重的问题是含硫化合物及其他强吸附性组分的存在,还会使固态传感器中毒。

尽管样品中存在高浓度的溶剂峰或挥发性物质可能会产生大信号,从而使质谱检测器在一个或多个质荷比(m/z)设置达到饱和,但在其他质荷比(m/z)设置的性能基本不受影响。例如,静态顶空法分析酒精饮料。与样品中其他香味活性成分相比,乙醇的浓度相对较高。对于大多数固态传感器来说,很容易产生乙醇过载问题。然而,ChemSensor 在酒精饮料中的应用不会受到这个问题的影响(参见第 7.9 节中,使用 ChemSensor 对威士忌样品按品牌进行分类)。

由于相对湿度的变化,固态电子鼻出现长期和短期的漂移现象并不罕见。此外,单个传感器必须进行定期更换。相比之下,外部环境的变化对质谱仪的影响则微乎其微。对于任何依赖于标准谱库检索的分析技术来说,高稳定性都是至关重要的。

应当注意的是,质谱的灵敏度受样本量、顶空瓶温度和扫描范围的影响。固态传感器的灵敏度取决于传感器类型、传感器上样品蒸汽的流速、分析物和温度。

7.4 其他的样品制备模式

对于许多应用选择,静态顶空是一个很好的样品制备方法。在 GC 分析香精香料之前,与其他常用的样品制备技术相比,静态顶空具有更高的重复性,而固相微萃取(SPME)可能会受到纤维头变化的影响。用于静态顶空 GC 分析的进样器和其他类型的自动化仪器之间具有更好的兼容性。顶空采样作为一种无溶剂技术,具有减少人为峰和最小化背景污染的显著优点。然而静态顶空也有很大的缺点,例如,它对某些类型的分析物不够灵敏,而且对高沸点化合物也不起作用。在许多情况下,SPME 和其他样品制备技术是更好的选择。选择最佳的样品制备/提取技术是电子鼻应用成功的关键因素。

7.5 提高可靠性和长期稳定性的技术

7.5.1 校准传递算法

质谱电子鼻的一个主要优点是它的分析速度快。电子鼻的成功应用需要采用标准样品训练传感器。标准样品的质谱图用于建立化学计量学模型。通过将未知样品的质谱图与模型中的质谱图进行比较,可以得到未知样本的分类。

预测准确性取决于模型质量,建立可靠的模型需要大量的重复测试[14]。校准模型的构建耗时耗财,如果质谱传感器受到干扰——例如,更换灯丝或质谱维护——则可能需要重新校准仪器以补偿仪器的新条件。重新校准的一种方法是校准传递算法。

更换灯丝、重新调谐和清洗仪器而导致质谱指纹图谱的细微变化会显著降低化学计量学模型的可靠性。为了消除质谱图中这些细微差异,可以考虑两种方法:一种方法是使用新数据创建新的模型,这可能很耗时;另一种方法是使用计算调整来弥补仪器条件差异,这种方法称为校准传递(TOC)。

商业可用的校准传递算法可对仪器在新设置条件下获得的谱图进行调整,从而使得新的谱图与参数变化之前采集的谱图看起来相同。在最近的一项研究中[15],证实了一系列食品样品和单个化合物用于监测 10 周内校准传递算法的可靠性。仪器中断的方式有三种:① 更换灯丝;② 改变调谐算法;③ 进行预防性维护。在一个独立的系统中还研究了仪器在 10 周内的漂移,并对不同类型的校准传递算法进行了测试。这项研究采用直接标准化的校准传递方法。直接校准传递是通过将初始仪器设置条件下收集的数据中的变量,与在仪器条件稍微不同的条件下测量得到的每个相应变量进行关联。校准传输算法可在定量(如 PLS 或 PCR)或定性模型(如 k-NN 和 SIMCA)中使用。本研究使用 SIMCA 和 PLS 模型来研究校准传递的效率。

研究结果表明,校准传递的成功使用在很大程度上取决于传递样品的类型、数量以及模型类型。总体而言,k-NN 模型似乎比 SIMCA 模型更为稳健。k-NN 模型和 SIMCA 校准传递模型具有最佳的精度。如果校准传递算法是基于重新分析,原始化学计量学校准中所观察到每个类别的一个或多个样本,则其精度可以得到提高。

7.5.2　内标法

内标法作为提高结果精度和准确性的一种方法,可应用于质谱电子鼻中——尤其是在进行长时间(如几周或更长时间)测试时更是这样。有几种方法可以将内标应用于质谱电子鼻的研究中:一种方法是添加一种存在高分子离子峰的化学物质(内标物),而样品的化学成分中不存在该峰。在一项预测加工牛奶保质期的研究中,氯苯作为内标添加到所有牛奶样品中[16]。样品中的所有质谱峰强度均除以质荷比112(氯苯的分子离子)的质谱峰强度。与没有添加内标物的保质期预测结果相比,采用标准化质谱峰强度,可以提高牛奶样品长期保质期预测的准确度。

应用内标的另一种方法是利用快速 GC 或部分 GC 来分离分析物。在色谱图中早期或尾期洗脱的成分可以作为内标,加入到所有样品中。分子离子(或其他高丰度离子)的峰面积或质谱峰强度可用于色谱图中其余部分质谱峰强度的标准化。

7.6 两台仪器联用

由于商用电子鼻仪相对昂贵,因此需要仔细考虑哪种仪器技术更具灵活性、耐用性和成效性。ChemSensor 既可用于常规质量控制的 GC/MS 检测,也可用于应用研究,还可用于电子鼻类型研究。用于常规 GC/MS 检测的典型分析毛细管柱也可用于质谱电子鼻,在质谱电子鼻模式下,毛细管柱在恒定高温下运行,因此样品分析物可在 4 min 或更短时间内从柱中洗脱。不必像过去那样,使用 1 m 长的保留间隙柱更换分析柱。由于不必来回更换分析柱和保留间隙柱,质谱不用泄真空,从而节省了大量时间。

此外,在常规 GC/MS 分析中获得的信息,也有助于使用相同仪器开发稳健、准确的电子鼻方法。例如,如果要区分多组样本,并且已知样本组中含有独有的化合物,在建立模型时采用这些化合物的离子,可以确保生成的模型是因果模型,而不仅仅是相关模型。利用 GC/MS 实验优化电子鼻方法比较理想。这种方法的另一个优点是,对于诊断为离群(不属于预想或预期的分类)的样品,便于在同一仪器上用常规 GC/MS 重新分析,从而验证结果并且能更好地理解是哪些特定化学物质导致了样品的离群。配置一个能够同时执行电子鼻工作和常规 GC/MS 分析工作的灵活系统具有很多优势。

7.7 应用实例

质谱电子鼻已经在许多行业的各种应用中得到广泛使用,包括:

① 接收和装运货物的质量监控；

② 质量、气味和产品一致性问题研究；

③ 表面活性剂和气味化合物的监测；

④ 产品质量和污染检验；

⑤ 带包装材料的产品保质期和残留溶剂分析；

⑥ 汽车内饰产品的释放气体的分析。

下面通过实例来说明，如何使用质谱电子鼻对相类似样本进行主成分聚类分析。

7.8　咖啡样品的产地分类

图 7.2 显示了四种不同类型咖啡(危地马拉、脱咖啡因危地马拉、苏门答腊和脱咖啡因苏门答腊)的分类簇，该分类簇是使用 Gerstel 公司的 ChemSensor 进行静态顶空 GC-MS 分析结果生成的。考察的自变量是 120 个不同原子质量单位(m/z 为 51～170)的质谱强度。观查图 7.2 可以发现一个危地马拉脱咖啡因咖啡可能是离群样本。样本残差与马氏距离二维图很好地显示了可能的离群样本(图 7.3)，数据分析时应该排除该样本。图 7.4 显示了数据集中排除危地马拉脱咖啡因离群样本后，四类咖啡样品的三维主成分分析图。通过对相似类型样本的优秀聚类，就可以建立 k-NN 模型用于类别预测。该模型可用于分析未知产地的咖啡样品，以确定其产地。这个例子说明了化学计量学软件对离群值的诊断能力。

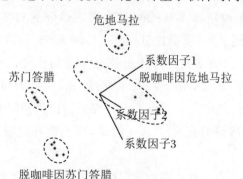

图 7.2　基于化学传感器静态顶空测试和使用质荷比为 51～170 质谱峰强度结果的

四类咖啡(每类五个样品)的三维主成分分析图

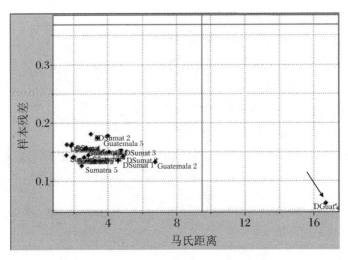

图 7.3　马氏离群值诊断中，危地马拉脱咖啡因离群值样本的测定

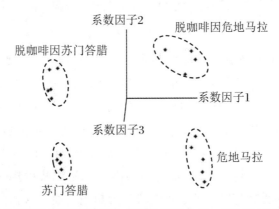

图 7.4　删除危地马拉脱咖啡因离群值后，使用分子量为 51～170 道尔顿的质谱强度结果的、
基于化学传感器静态顶空测试的四类咖啡的三维主成分分析图

"载荷"图可用于确定样本簇的聚类中影响最强的自变量（图 7.5）。本例中，系数因子 1 载荷图显示，质荷比分别为 52、60 和 79 质谱强度的影响最强，而系数因子 2 的最重要聚类质荷比除了上述三个质荷比外，还包括质荷比 81、95 和 98。这些结果表明，乙酸（$m/z = 60$）和吡啶（$m/z = 79$）可能对这四类咖啡有很强的区分作用，它们是咖啡中的重要香味成分。使用相同的 GC/MS 进行电子鼻分析的后续 GC/MS 研究证实了这一推论，即乙酸和吡啶是重要的区分影响因素。

载荷图中显示的信息有助于高效鉴定所定义的簇类中重要成分。利用提取离子的监测图或载荷图中所显示的关键分子量的选择性离子监测图，来检验样品成分的色谱分离效果，有助于识别重要组分。

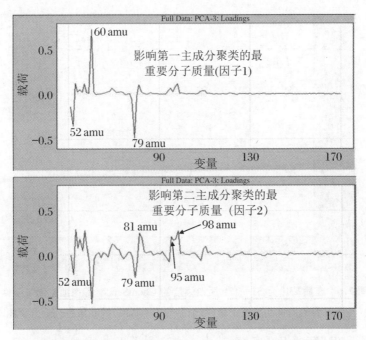

图 7.5　检验咖啡样品的主成分分析载荷图以确定对聚类最有影响的分子量

7.9　威士忌样品按品牌分类

　　本例中,用质谱电子鼻分析了四个品牌的威士忌样品,且每个品牌分析了三种产品。此外,还分析了两份"盲样"威士忌样品。这项工作的目的是根据品牌类型对未知样品进行分类。由于提供的样本数量相对较少,盲样的品牌预测采用 k-最近邻(k-NN)算法。PCA 多元分析图(图 7.6)显示,四种品牌的威士忌样品形成了四个不同的簇,因此,可以对"盲样"威士忌样品进行准确的品牌分类。

　　首先,将 5 mL 样品加热至 60 ℃保温 20 min。使用 MPS2 自动进样器,并采用保温(75 ℃)的 2 mL 气密进样针,抽取 1 毫升平衡顶空气体进样。测定了质荷比为 46～157 的质谱峰强度。排除以下质荷比:64,66,80,82,90,92,93,98,100,106～114,118～126,128,130～154 和 156。样品进样至 30 m×0.25 mm 内径×0.25 μm 的 DB5 色谱柱,加热至 220 ℃。GC 的运行时间为 3 min。

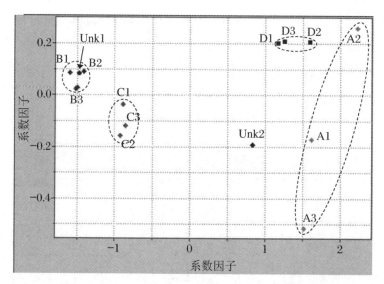

图 7.6　在质荷比为 51～170 质谱强度的 ChemSensor 静态顶空测试条件下，所获得的四种品牌威士忌(每个品牌三个样品)的二维主成分分析图

采用 k-NN 算法识别盲样，其中一个盲样属于 A 品牌，另一个属于 B 品牌。这与图 7.6 中 2D-PCA 图的基于简单目视检验获得的品牌预测结果相一致。提交分析样本集的公司确认，ChemSensor 正确识别了盲样品牌。该公司利用不带统计处理的传统 GC/MS 色谱图，通过简单目视检验无法区分盲样品牌。

图 7.7 中的载荷图检验显示，对建模具有最重要影响的是前六个分子量。分子量 88、101 和 103 清晰表明酯类物质对聚类有重要影响。需要注意的是，静态顶空法不是测量游离脂肪酸(FFAs)的好方法。游离脂肪酸可能对区分威士忌品牌

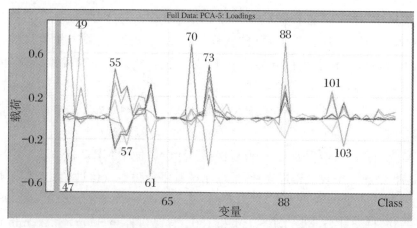

图 7.7　威士忌样品主成分分析载荷图的检验显示对品牌聚类影响最大的是前六个因子

很重要,应该通过其他样品分析制备技术(例如,DVB/PDMS 纤维头 SPME)萃取。为了快速鉴定威士忌样品,在两天内,开发了一种快速静态顶空 GC/MS 电子鼻测量方法,该方法的测试时间为 4 min。

7.10　未来方向:质谱电子鼻与 GC/MS 的结合

GC/MS 是食品研究一个非常好的工具,然而它不太适合应用于常规质量控制。虽然它可以提供关于原材料和成品的大量重要化学信息,但分析时间可能很长。然而,由于分析速度快和结果易于解析,质谱电子鼻非常适合应用于许多常规的质量控制中。但是,与 GC/MS 检测不同,质谱电子鼻通常不提供不同样品中特定化学物质的数量和种类的详细信息。

有一种很好的方法可以将 ChemSensor 的快速预测优势与 GC/MS 能提供化学物质详细信息的卓越能力结合起来。图 7.8 显示了该策略的流程图。前期研究表明,可以采用 ChemSensor 精确预测成品牛奶保质期[9]。一旦建立了合适且稳健的偏最小二乘保质期预测模型,奶制品质量控制实验室就可以使用 ChemSensor 结合快速 GC 方法检测新鲜奶成品。通过这种方法,质量控制实验室可以在 3～5 min 内分析一个样品。将质谱强度数据导入 Pirouette 中,利用偏最小二乘模型可以快速预测牛奶的保质期。如果样品标记为离群,且预测的保质期很短,则需要进一步仔细检查可疑样品的实际色谱图,以确定过早出现异味的原因。GC/MS 色谱图文件通过电子邮件发送到公司分析研究实验室。分析研究实验室有专业团队花费时间去仔细检查色谱图,鉴定产生异味的特定化学物质,并可能推理出异味的形成机理。采用 GC/MS 对用于质量控制的实验样品进行一次分析,就可以全部完成该项工作。该方法可以克服质谱电子鼻和 GC/MS 方法的局限性,是解决工业实验室中实际问题的理想方法。该方法既可以克服质谱电子鼻无法识别特定化合物的缺点,又能克服传统 GC/MS 因生成和解析色谱图速度慢而不适用于快速筛选大量样品的缺点。

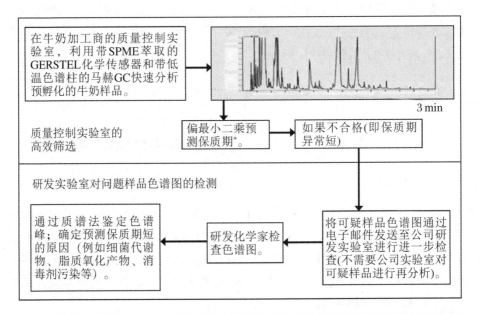

图 7.8 质谱电子鼻与 GC/MS 技术的结合,预测加工牛奶的保质期和过早产生异味的原因

* 基于质谱强度数据的多元分析

结 论

质谱电子鼻具有以下优点:

① 较小的漂移(经台式质谱技术验证);

② 快速(每个样品 2～5 min);

③ 耐水;

④ 结果不受酒精、含硫化学品或其他极性化合物的影响;

⑤ 扫描范围决定传感器数量;

⑥ 线性至 104;

⑦ 无传感器中毒;

⑧ 与 GC/MS 相关联;

⑨ 能够识别区分两个样本的离子;

⑩ 可与 GC/MS 结合,帮助阐明食品和饮料中异味形成的真实机理。

质谱作为电子鼻传感器阵列的一个最重要优点是,它不仅可以用来确定测试样品与标准样品不同,而且还可以用来确定其差异性原因。质谱电子鼻是极具吸引力的一种组合,既可作为快速筛选的生产工具,又可作为揭示样品中特定化学成分的更多细节的研究工具。

参 考 文 献

[1]　Pena F, Cardenas S, Gallego M, et al. Characterization of Olive Oil Classes Using a ChemSensor and Pattern Recognition Techniques[J]. Journal of the American Oil Chemists Society, 2002, 79: 1103-1108.

[2]　Marsili R T. Combining Mass Spectrometry and Multivariate Analysis to Make a Reliable and Versatile Electronic Nose[M]. Marsili R. Flavor, Fragrance and Odor Analysis. New York: Marcel Dekker, 2002: 349.

[3]　Kinton V R, Collins R J, Kolahgar B, et al. Fast Analysis of Beverages Using a Mass Spectral Based Chemical sensor[Z]. Gerstel Application Note 4/2003.

[4]　Kinton V R, Whitecavage J A, Heiden A C, et al. Use of a Mass Spectral Based Chemical Sensor to Discriminate Food and Beverage Samples: Olive Oils and Wine as Examples[Z]. Gerstel Application Note 1/2004.

[5]　Kinton V R, Pfannkoch E A, Mabud M A, et al. Wine Discrimination Using a Mass Spectral Based Chemical Sensor[Z]. Gerstel Application Note 2/2003.

[6]　Kolahgar B, Heiden A C. Discrimination of Different Beer Sorts and Monitoring of the Effect of Aging by Determination of Flavor Constituents Using SPME and a Chemical Sensor[Z]. Gerstel Application Note 11/2002.

[7]　Marsili R T . SPME-MS-MVA as a Rapid Technique for Assessing Oxidation Off-flavors in Foods[J]. Advances in Experimental Medicine & Biology, 2001, 488: 56.

[8]　Pavon P J, et al. A Method for the Detection of Hydrocarbon Pollution

in Soils by Headspace Mass Spectrometry and Pattern Recognition Techniques[J]. Anal. Chem., 2003, 75: 2034-2041.

[9] Lorenzo M I, et al. Application of Headspace-mass Spectrometry for Differentiating Sources of Olive Oil[J]. Anal. Bioanal. Chem., 2002, 374: 1205-1211.

[10] Pena F, Cardenas S, Gallego M, et al. Direct sampling of orujo oil for determining residual hexane by using a ChemSensor[J]. Journal of the American Oil Chemists Society, 2003, 80: 613-618.

[11] Vinaixa M, et al. Early Detection of Fungal Growth in Bakery Products by Use of an Electronic Nose Based on Mass Spectrometry[J]. J. Agric. and Food Chemistry, 2004, 52: 6068-6074.

[12] Saevels S , et al. An Electronic Nose and a Mass Spectrometry-based Electronic Nose for Assessing Apple Quality During Shelf Life [J]. Postharvest Bio. Tech., 2004, 31: 9-19.

[13] Goodner K L , Kinton V R. Using a Mass Spectrometer Library Matching System to Identify Food Products[J]. Proc. Fla. State Hort. Soc., 2006, 119, 383-387.

[14] Goodner K L, Dreher J G, Rouseff R L. The Dangers of Creating False Classifications Due to Noise in Electronic Nose and Similar Multivariate Analyses[J]. Sensors and Actuators B, 2001, 80: 261-266.

[15] Heiden A C, et al. Use of calibration transfer algorithms on a mass spectrometry based chemical sensor-preliminary results [Z]. Gerstel Application Note 3/2003.

[16] Marsili R T. Shelf-life Prediction of Processed Milk by Solid-phase Microextraction, Mass Spectrometry and Multivariate Analysis[J]. J. Agric. and Food Chemistry, 2000 , 48: 3470.

第8章

感 官 分 析

8.1 引　　言

本章旨在为缺乏经验的感官分析人员提供参考。我们的目标是尽可能减少错误概率，并使感官分析更简捷、实验更愉悦、结果更准确。本章将集中探讨初级研究员面临的日常问题，并确保收集的数据转化为有用的信息，且不受实验设计或所选技术的限制。许多知名学者已经对感官科学进行了比较深入的研究[1-4]，我们在此将主要介绍感官分析实验的不同阶段，如评价小组选择、评价小组组织、常用的感官分析技术和评价结果的描述。

8.2 感官分析的目的

感官评价是唯一一个实验员与最终评判结果（即消费者和他/她的感知）相联系的研发过程。感官分析与其他方法相比具有独特的优势。"我的产品'好'吗？"这是任何分析技术都无法回答的问题，这需要心理学、生理学和统计学的知识。合理可行的实验方案和精心设计的调查问卷将有助于找出产品为什么"好"、"好"在哪里、对谁"好"等细节。不熟悉感官科学的人认为它不像其他学科那样准确或可靠，这正是感官科学所面临的独特挑战，但事实上，如果实验安排得当，感官科学就会非常准确可靠。本章旨在帮助实验员采用适当的方法和技术，获取准确可靠的实验结果。

感官分析重点关注产品开发、质量控制、产品配套、保质期研究、产品维护和产品认可度。以下每个方案所采用的方法略有不同，下面将简要讨论这些方案：

（1）在新产品开发过程中，根据营销部门确定的细分市场，利用感官分析技术"从头开始"开发符合该市场需求的产品。这种情况下，可以大胆尝试各种各样的思路，以满足特定的需求，这也可能是最具挑战性的方案，因为没有可供借鉴的具体产品。研究过程中必须要有营销人员的参与，以便根据他们的预期来跟踪新品设计的进度，并根据最终目标调整样品设计，同时记录整个过程中的结果。在样品成型后,研发人员应该思考最初设计中可能存在的不足并加以改进,最终开发出成功的产品。此外,包装也是产品特征的组成部分,它不仅提供物理保护以及引人注目的图案和标签,还便于携带。包装以与产品的物理特性、化学特性、感官特性密切相关的方式延长保质期(如即食产品,阻气膜,气调包装等)。

感官分析的其他方案都有一个共同的重要特征:模仿、改进或优化现有产品。

(2) 质量控制方案可以说是最简单的方案,也就是使用感官分析来验证当前产品在认可的范围内是否与原配方的特征相同。

(3) 在保质期研究中,对给定的产品或样品进行检验,存储条件是唯一变量。在此情况下,可以检验不同的配料(如抗氧化剂、着色剂和防腐剂)对产品保质期的影响。此外,正如后面讨论的,微生物的影响也是感官分析中需要考虑的一个重要因素。

(4) 产品的某一种配料已经停产或其成本急剧增加时,往往需要对产品进行维护。在这两种情况下,需要用类似的配料代替"问题"配料,生产与原始配方特征一致的产品。

其他可借鉴经验:

在某些情况下,可能很难理解仅仅由于原料价格的变动就需要对产品进行维护,因为这可能意味着产品的标识、包装或工艺也发生改变。例如:非洲东南部岛国——马达加斯加是最重要的香草豆生产国,一场突如其来的飓风导致 2002 年至 2005 年香草提取物供应大大减少,致使香草提取物价格上涨了 3 倍。这就迫使大多数香草提取物客户寻找替代品,使他们能够以合理的成本继续生产产品。

(5) 要想调查现有样品的认可度,就需要在模拟商业环境中进行,获知消费者是否认可,根据认可度决定是否需要进一步改进产品以适应市场喜好,或者为特定产品找到一个细分市场。针对后一种情况,在产品投放之前,市场营销部门需要进行专项讨论,确定消费者对新产品的认可度。在某些情况下,当一个公司在不同的市场(例如,在不同的国家或地区)中拥有一个成功产品,并希望将其引入一个新市场时,就需要确定潜在客户。

实验员可以使用两种不同的方法来解决问题:专家小组感官分析或消费者测试。研究人员应该知道不同评价员提供的信息在本质上是不同的,不能相互替代。例如,专家评价员的调查问卷可能包括以下问题:该产品与目标产品有差异吗? 有什么差异? 该产品的甜/酸/苦/咸的强度如何? 所有这些信息对于产品研发、样品微调、模仿现有产品以及产品维护都非常重要。专家评价员应该具有描述特定产品的具体特征的能力,这种能力是小组负责人通过课程培训、术语解释、小组讨论和评价标准等来培养的[2,5]。培训之后,就不应该向评价员询问消费者喜好问题,因为对产品过于了解而导致他/她的判断带有某种偏好而不客观[1]。接着,选拔经过培训的评价员来区分样品之间的细微感官差异,但这却不能代表使用目标产品的消费者。在产品研发过程中可以对内部人员进行偏好测试,前提是调查对象与关注的产品没有密切关系,且有足够的评价员进行评价。在进行大范围消费者测试之前进行内部小组的测试,其意义在于根据内部测试结果优化调查问卷[6]。在消费者测试时,不应要求消费者对属性的强度进行打分,因为他们没有接受过识别特定术语或使用标度的培训。

对于消费者而言,测试问题主要针对他们对产品的情感反应:您喜欢这个产品吗? 您更喜欢这两种产品中的哪一种? 您会买吗? 怎样让这个产品更有吸引力? 这类测试的目的是测试消费者对产品的喜好程度、偏好程度或购买意向。

这种差异的理由很简单:消费者知道自己喜欢什么,但不一定知道其喜欢的原因或如何用语言表达理由。产品选择和偏好背后也有很多心理因素,但心理分析属于市场研究等其他学科[6]。

8.3 风味感知

在进行化学、微生物或物理分析的分析实验室中,可以非常直接的采集数据。这些分析设备简单易得,并且可以根据需要进行校准,所以实验结果稳定且易于解释(例如,pH 测量、折射测定、滴定法测酸、色谱法等)。在感官小组评价时,"检测"样品和分析数据的"工具"包括培训后的小组成员或消费者组成的人群(或是测试宠物食品的动物)。小组是由对刺激作出不同反应的人组成,他们具有不同感知阈值以及不同的食品体验历史。此外,样品的外观对结果的影响也很大,例如,颜色显著影响人们对味道的感知[2,7]。感官科学导论课程中有一个简单实验,是为彩色果冻添加不同的调味料,并要求评价员识别风味。实验结果表明,具有柠檬味的绿色果冻会被感知为薄荷味或酸橙味,而添加了草莓味的红色果冻常被描述为有樱桃味。如果混合物的基质中存在相同的芳香族活性挥发物,有些人能够在极低浓度下感知到它,而有些人在一定的阈值浓度下没有任何感知[8],甚至有的人可以根据在食品中的不同浓度而给出不同描述[9]。最后一个因素是基因的不同,导致人们对气味和味道的感知具有显著差异。例如,Amoore 对部分嗅觉缺失——即不能感知某种特定气味但是可以感知其他气味[10-12],作了大量深入的研究。我们实验室也研究发现,50%的人群对 β-紫罗兰酮表现出部分嗅觉缺失[13],这是由于鼻腔组织或口腔中的酶导致嗅球或嗅觉受体水平不同,从而引起个体之间对气味化合物感知的差异[14,15]。最近发现,酶可以将一种气味分子转变成另一种,从而改变其气味特性。并不是所有的个体都具有相同的酶活性和受体,因此基于生物化学和生理学,不同个体对相同分子的感知可能会有很大区别。以上各种因素让感官科学家和小组负责人的工作充满挑战,即使最好的评价员和培训实践,受试人员也不可能像仪器那样得出完全一致的结果。这就是为什么小组负责人对小组进行培训如此重要的原因,只有这样他们才能提供可靠的评价结果。

感官评价可能无法在分子水平上分析所有的差异,但它仍然能够提供出色的结果。感官分析是解决协同作用问题的多元分析方法。感知不仅仅受单个因素的影响,在食品放入口腔之前,就已经有大量的外部感知冲击大脑:颜色、视觉纹理、触觉纹理、温度、外观、包装、环境和第一气味印象。此外,受试者的生理状态也影响他/她对食物口味的判断。当食物进入口腔后,就会产生第二次感知如口味、口感、咀嚼时的声音,这组感知可以证实或否定从第一组感知中得出的预期结果,然而第一次感知的大量信息也会导致第二次感知产生偏差。实验设计应考虑所有这些因素,并找出关注变量,通过标准化条件将其他因素的变化保持在最低限度。例如,如果颜色可能引起偏差,则应使用红色照明来掩盖颜色,并且应在配备有正压空气和空气过滤的工作台中进行气味测试,以尽量减少可能会导致气味交叉污染的外部环境的影响。

香味物质与基质之间的相互作用对食品风味有重要影响,但因涉及的变量很多,对这些变量了解却不充分,从而导致与基质间的相互作用不易归类。大分子、树胶、pH、化学组分、螯合剂、粒径等,都能够增强、减弱甚至改变原有风味。

如今,大多数加工食品都添加了一种或多种调味料,这为每种食品提供了特定的特征。这也正是调味师的天才之处,因为他们可以找到不同香味物质间的平衡,调配出符合特定食品需求的调味料。这种调味料用于食品之后,即使与大分子(可掩盖其感知)或乙醇、糖和酸等物质(可能会增强)相互作用,也能释放出浓郁的香味。

8.4 感官分析技术

文献提供了多种感官测试方法,例如辨别测试法、时间强度法、可接受性测试法、描述性测试法等[1,2,4,6]。需要强调一点,必须要掌握问题的本质以及不同方法和技术的局限性。各种技术都是基于统计模型,根据不同测试的能力、统计分布以及选拔后的受试者数量,这些模型给出的预测结果和预测偏差有好有差。例如,广泛使用的九点特征标度、15 cm 强度标度(有或没有参比点)或0~100 强度等级,得出的结果已被证明在统计学上是合理的并被广泛接受。初级实验员需要掌握这些方法并灵活运用,大胆尝试那些也许能够产生更好结果或更符合实际的替代方案[1,16]。

另一个重要的问题是:你想回答什么问题? 通常情况下,一位实验人员或产品开发人员会对一位感官分析师说:"我想知道我的实验产品之间是否存在差异"。他想知道什么样的差异? "消费者能发现这两种产品之间有什么不同吗?""产品存在不同,但差异有多大,如何对差异进行描述或量化?"或"消费者会更喜欢其中的一种产品吗?"前两个问题并不涉及情感层面的好坏(偏好、喜欢),但第三个问题涉及。不同的方法可以回答这些常见问题,感官测试主要有三大类:差别检验、描述性测试和可接受性测试,每一大类都可以用来分别回答上述三个问题。重要的是我们需要知道在哪种情况下使用这些不同的方法,以及每种方法的局限性和优点。

8.4.1 总体差别检验

这种检验是评价两个(最多五个样本)之间是否存在总体感官差异。如果两种产品之间的差异很明显,则不应进行此类检验,这会浪费时间和资源。差别检验也可用于评价含有不同成分的两个样品是否足够相似,以便可以相互替代。例如,如果某两种香料均可应用在产品中,那么生产商会倾向于使用更便宜或更容易获得的香料。在进行差异或相似性检验之前,应确定灵敏度参数 α,β 和 p_d。差别检验中最常用的 α-风险是指实际上没有差异,却得出存在感知差异的概率[2];在相似性检验中使用的 β-风险是指差别实际存在但没有被感知的概率;参数 p_d 是指能够分辨出差异的人数比例。α-风险(β-风险)通常在置信度水平为 5%～1%(0.05～0.01)时使用,并且它是样品具有明显差异(相似性)的有力证据。较高的风险(α 为 0.05～0.10)表明样品有中等差异[2]。Meilgaard 等人[2] 开发了一个电子表格应用程序,帮助研究人员根据所需的灵敏度和可用资源(主要是评价员的数量)选择 α,β 和 p_d 的值。例如,如果想要确定环境异味对产品保质期的影响,则应该考虑采用较低的风险。

8.4.1.1 三点检验

这是最著名和最常用的检验方法之一。向评价员提供三个已编码的样品,并告知其中两个是相同的,另一个是不同的,然后要求评价员根据视觉、触觉、气味或味觉等感官评价选出其中不同的单个样品。统计正确答案的数量,与相应标准表(表 8.1)中的值进行比较,并对结果进行解释。

在此检验方法中,样品有 6 种可能的表示形式:AAB,ABA,BAA,ABB,BAB 和 BBA。样品组合应以随机但均衡的顺序呈现,即 A 或 B 出现的次数应相同。因此,作为专门小组成员的人数通常为 6 的倍数。使用三点检验进行差别检验的小组成员人数最好在 20～40 间;但是,相似性检验中则需要更多的小组成员(50～100 个)[2]。

调查表中需要提供备注栏供小组成员填写评论(他们可能会记下他们认为存在差异的原因),但不应询问他们情感问题,因为差异样品的选择可能会对偏好样品的选择产生干扰。该方法有 33% 的机会猜对正确答案,因此从统计学上来说,该检验法应该比其他差别检验法更加可靠。但是,如果被检验的产品有过载、延迟效应或容易产生感官疲劳或感官适应时,则应考虑其他检验方法。

类似的方法有五中取二检验法。在该方法中,给出两个编码相同的样品 A 和三个编码相同的样品 B(或两个 B 和三个 A),并要求评价员从中将两个相同的样品挑选出来。由于样品数量较多,推荐本实验在无感官疲劳时进行,且主要依靠视觉、手感(触觉)等。在统计学意义上,该方法比三点检验和任何其他差别检验更加可靠,因为在五个样品中猜对两个的概率仅为十分之一(10%)。因此,可以使用较少的评价员(10～20 名),但 20 人或 20 人的倍数会更好,因为 AABBB 的可能排列数是 10,或 BBAAA 的可能排列数也是 10,总计为 20。Meilgaard 等人[2] 建议在经过培训的小组成员中使用该检验法,因为此方法需要记忆所提供的样品数量,且过程中会使人产生感官疲劳。

表 8.1 三点检验中显著性差别所需最少正确答案数

	α						α			
n	0.20	0.10	0.05	0.01	0.001	n	0.20	0.10	0.05	0.01	0.001
6	4	5	5	6	…	32	14	15	16	18	20
7	4	5	5	6	7	33	14	15	17	18	21
8	5	5	6	7	8	34	15	16	17	19	21
9	5	6	6	7	8	35	15	16	17	19	22
10	6	6	7	8	9	36	15	17	18	20	22
11	6	7	7	8	10	37	16	17	18	20	22
12	6	7	8	9	10	38	16	17	19	21	23
13	7	8	8	9	11	39	16	18	19	21	23
14	7	8	9	10	11	40	17	18	19	21	24
15	8	8	9	10	12	41	17	19	20	22	24
16	8	9	9	11	12	42	18	19	20	22	25
17	8	9	10	11	13	43	18	19	20	23	25
18	9	10	10	12	13	44	18	20	21	23	26
19	9	10	11	12	14	45	19	20	21	24	26
20	9	10	11	13	14	46	19	20	22	24	27
21	10	11	12	13	15	47	19	21	22	24	27
22	10	11	12	14	15	48	20	21	22	25	27
23	11	12	12	14	16	54	22	23	25	27	30
24	11	12	13	15	16	60	24	26	27	30	33
25	11	12	13	15	17	66	26	28	29	32	35
26	12	13	14	15	17	72	28	30	32	34	38
27	12	13	14	16	18	78	30	32	34	37	40
28	12	14	15	16	18	84	33	35	36	39	43
29	13	14	15	17	19	90	35	37	38	42	45
30	13	14	15	17	19	96	37	39	41	44	48
31	14	15	16	18	20	102	39	41	43	46	50

注:① 表格是相应数量的评估者 n(行)在所述 α 值(列)的显著性差别所需的最小正确答案数。如果正确答案的数量大于或等于表格值,则拒绝"无差异"的假设。

② 对于 n 值不在表中的,计算缺失的条目如下:最小正确答案数(x)=最接近的整数,大于 $x = n/3 + z\sqrt{2n/9}$,其中 z 随显著性水平的变化如下:$\alpha = 0.20$ 时,为 0.84;$\alpha = 0.10$ 时,为 1.28;$\alpha = 0.05$ 时,为 1.64;$\alpha = 0.01$ 时,为 2.33;$\alpha = 0.001$ 时,为 3.10。

经 E1885—97(2003)感官分析三角检测标准允许转载,版权所有:ASTM International,100 Barr Harbor Drive,West Conshohocken,PA,19428。

这两种检验方法均用于评判由于成分变化、贮存或加工技术而导致的产品差异或相似性。此外,在描述性小组讨论和小组成员选拔之前,建议使用三点检验法或五中取二检验法来选拔小组成员。类似用于描述性小组的产品,三点检验可以获知小组成员区分给定差异的能力[2]。当待测样品基本不会使人产生感官疲劳时,建议采用五中取二检验法。

8.4.1.2 二-三点检验

在二-三点检验中,向评价员提供一个参照样品和两个编码样品,其中一个编码样品与参照样品相同,并要求评价员挑选出与参照样品一致的编码样品。在"恒定参考模式"下,参照样品可以始终是样品 A;而在"平衡参考模式"下,它可以是 A 和 B。在恒定参考模式中,呈现给评价员的样品将是 A(参考)AB 或 A(参考)BA;在平衡参考模式中,呈现给评价员的样品是 A(参考)AB、B(参考)BA、A(参考)BA 或 B(参考)AB,统计正确答案数并与单边检验的标准表(表 8.2)进行比较。评价员的最低人数应该是 20,但是当更多评价员参与时,辨别能力会得到进一步提高。与三点检验一样,此方法只适用于确定两种产品之间是否存在一般差异,而不应该询问情感问题。

因猜对正确答案的概率为 50%,所以该方法在统计学意义上不如三点检验法可靠。但是,由于提供了参照样品,因此任务更容易执行:该方法易于理解,并且参照样品为查找样品差异时提供了一个标准。和三点检验法一样,该方法必须对三个样品进行检验,而且如果样品之间存在很强的后续效应的话,也会对结果产生影响。

8.4.1.3 简单差别检验

当产品残留过多且可能使受试者在如上所述的三重或多重比较中混淆时,应该使用该检验方法。向评价员提供两个样品,A 和 B、A 和 A 或 B 和 B 用来解释"非特定效应",并询问评价员样品之间是否相同。使用 χ^2-检验,通过比较同一产品的两个样品出现时给出"不同"的答案数与给定的 A/B 对的"不同"答案数来分析结果。

当未经训练的评价员多达 200 名时,可以使用此检验法。该方法的一个扩展就是向一名评价员提供多对样品,然后使用 McNemar 试验来分析数据[2]。在第 2 版和第 3 版中,Meilgaard 等人给出每个检验法的具体实例并指出每种方法的差异,接着通过调查表、工作表和数据分析完成整个方案[2,17]。

表 8.2　二-三点检验或单边检测中显著性差别所需最少正确答案数

	α						α				
n	0.20	0.10	0.05	0.01	0.001	n	0.20	0.10	0.05	0.01	0.001
5	4	5	5	···	···	33	20	21	22	24	26
6	5	6	6	···	···	34	20	22	23	25	27
7	6	6	7	7	···	35	21	22	23	25	27
8	6	7	7	8	···	36	22	23	24	26	28
9	7	7	8	9	···	40	24	25	26	28	31
10	7	8	9	10	10	44	26	27	28	31	33
11	8	9	9	10	11	48	28	29	31	33	36
12	8	9	10	11	12	52	30	32	33	35	38
13	9	10	10	12	13	56	32	34	35	38	40
14	10	10	11	12	13	60	34	36	37	40	43
15	10	11	12	13	14	64	36	38	40	42	45
16	11	12	12	14	15	68	38	40	42	45	48
17	11	12	13	14	16	72	41	42	44	47	50
18	12	13	13	15	16	76	43	45	46	49	52
19	12	13	14	15	17	80	45	47	48	51	55
20	13	14	15	16	18	84	47	49	51	54	57
21	13	14	15	17	18	88	49	51	53	56	59
22	14	15	16	17	19	92	51	53	55	58	62
23	15	16	16	18	20	96	53	55	57	60	64
24	15	16	17	19	20	100	55	57	59	63	66
25	16	17	18	19	21	104	57	60	61	65	69
26	16	17	18	20	22	108	59	62	64	67	71
27	17	18	19	20	22	112	61	64	66	69	73
28	17	18	19	21	23	116	64	66	68	71	76
29	18	19	20	22	24	122	67	69	71	75	79
30	18	20	20	22	24	128	70	72	74	78	82
31	19	20	21	23	25	134	73	75	78	81	86
32	19	21	22	24	26	140	76	79	81	85	89

注:① 表格是相应数量的评估者 n(行)在所述 α 值(列)的显著性差别所需的最小正确答案数。如果正确答案的数量大于或等于表格值,则拒绝"无差异"的假设。

② 对于 n 值不在表中的,计算缺失的条目如下:最小正确答案数(x)= 最接近的整数,大于 $x = n/3 + z\sqrt{2n/9}$,其中 z 随显著性水平的变化如下:$\alpha = 0.20$ 时,为 0.84;$\alpha = 0.10$ 时,为 1.28;$\alpha = 0.05$ 时,为 1.64; $\alpha = 0.01$ 时,为 2.33;$\alpha = 0.001$ 时,为 3.10。

经 E1885—97(2003)感官分析三角检测标准检测方法允许方可转载,版权所有 ASTM International,100 Barr Harbor Drive,West Conshohocken,PA,19428。

8.4.2 单属性差异检验

8.4.2.1 对照差异

在检验对照样品与一种或多种产品之间是否存在差异时,此方法主要用于衡量该差异的大小。其目的是为了衡量整体差异(即整体风味有多大差异?)或者某种特定的差异(即产品与异味的差异有多大?)。

向评价员提供对照样品和两个或两个以上的测试样品,并要求他们在给定的范围内评估对照样品和测试样品之间的差异。在描述过程中应包括编码样品来衡量非特定效应,每种待检产品与对照样品的平均差异将与对照样品获得的对照值的差异进行比较。如果检验的样品超过两个,则应通过方差分析法进行分析;如果与对照样品比较的样品只有一个,则需使用配对 t-检验法进行分析。

该方法假定评价员都接受过培训,或者对标度很熟悉。如果标度在两端固定,或者在每一点都有文字提示,则更容易进行。描述词可以是"无差异""较大差异"到"非常大的差异";常用标度有 10 点标度(0~9),16 点标度(0~15)或量值标度(0~100)。小组成员应该知道检验的规则,并且知道在检验比较过程中至少包含一个盲控,且应该进行 20~50 次模拟(其中 20 名评价员可以参加两次检验)以可靠的获知差异程度。如果两种产品之间确实存在某些差异,下一步则是需要由消费者小组来决定选择哪种产品。

8.4.2.2 成对比较检验

该检验是一个定向检验,也就是说,实验者想知道一个样品是否比对照样品更甜、更苦或是有不同的味道。通常,不允许出现"无差异"的评价结果。但是,在某些检验情况下,实验者无法避免"无差异"选项的出现。无论以何种方式处理数据,感官分析师都必须意识这到对试验结果的影响(即增加或减少了检验的效果)[2]。当将结果制成表格并与正确答案数的临界值进行比较时,实验者还必须决定采用单边检验(即样品 A 比 B 更甜),还是双边检验(样品 A 与样品 B 的甜度不同)。有关假设的方向性的完整讨论,请参阅 Meilgaard 等人的研究[2]。

8.4.2.3 排序检验

排序检验用于比较多个样品间某一特定感官特性的差异,但是这种差异没有被量化。在简单排序检验中,要求评价员根据兴趣特性(如风味、甜味、异味、偏好)

对样品进行排序。如果要检验多个感官特性,最好根据要检验的特性数量来收集尽可能多的样品组合,且每个样品组合都要有自己的三位数编码。否则,如果要在同一组样品上检验两个特性,则某个特性的答案可能会影响下一个问题的回答。例如,如果要求评价员根据苦味程度对五种啤酒样品进行排序,而下一个问题是按照个人喜好的递减顺序来对样品进行排序,则第二个问题的答案会受第一个问题答案的影响而产生偏差。因此,建议在询问某一特定感官特性强度级别的问题之前,先询问个人喜好问题。

建议由 16 名[2]或 30 名[6]评价员给出可靠的结果。评价员无需培训,但应明确对他们的要求,如有必要,应组织一个简短的会议来讨论感官特性。接下来,为每个样品添加由评价员给出的排序,使用弗里德曼统计检验计算排序数据的显著性,并采用非参数模拟 Fisher 最小显著性差异法进行排序求和[2]。

当两个样品彼此明显不同时,评价员可以很容易地将它们分为等级 1 和等级 2。但是,如果两者间的差异不那么明显,则需要评价员做出猜测。简单排序检验非常适用于 3~6 个样品。事实证明,在对玉米产品进行差异检验时,此方法可与传统描述性检验法相媲美[18]。

简单排序检验的一个变体是成对比较排序检验。在该检验中,样品以成对的形式呈现,每次呈现一对,并询问评价员"哪个样品更甜(更苦、更喜欢等)?"。如果样品具有持久的效果,则通过这样一次呈现一对的方式,可以使评价员减少混淆和疲劳感,这种方法非常适合比较 3~6 个样品。例如,对于五个样品,AB,AC,AD,BC,BD 和 CD 能够以完全随机和平均的次序出现。另外,弗里德曼统计检验也同样适用于成对比较排序检验。

8.4.3 描述性检验

在公司中通常使用常规分析来了解产品的具体情况,如外观、香气、味道、余味、质地、口感等。在描述性检验中,评价员接受培训后,能够识别样品的感官特性,然后按照标度打分。产品的描述性分析有助于了解消费者喜欢该产品的原因,并最终根据消费者偏好及偏好程度的描述性分析结果开发产品。在过去的50~60 年间,已经开发了多种描述性分析方法,而选择何种方法则取决于小组负责人的偏好和经费。描述性方法的开发分为两个阶段:第一阶段包括寻找一组感官特性来描述产品;第二阶段则是小组成员对第一阶段中发现的感官特性强度进行评价[6]。

在 20 世纪 40 年代末,Arthur D. Little Inc.开发了风味剖面法,5~6 名经过

严格选拔和训练的评价员开发产品的描述术语,并以七点强度标度对"品质特征"进行打分。评价员在强度标度上制定自己的参考标准和参比点,最后对样品进行打分并进行讨论,使评价小组意见一致。风味剖面是一种定性的描述性分析[1,2],由于评价小组意见一致,所以无法对数据进行统计分析,也不能解释评价员的不稳定性。这种方法也受到了人们的质疑:若小组组长或某个评价员很强势,常常将其个人观点强加给其他评价员,则得到的结果很容易产生偏差。

Tragon 公司于 1974 年与美国加利福尼亚大学食品科学系合作开发了定量描述方法(QDA®)[2]。感官分析领域广泛采用这一方法,并通过对原始方法的优化,满足用户的具体需求[6]。定量描述方法主要是根据统计分析来评估评价员(通常是 10~16 名合格的评价员)的表现,以及产品的差异。与风味剖面法类似,使用参考资料培训评价员,其中小组负责人充当的是引导者而不是指导者。小组负责人和项目主管之间应该保持良好的沟通,以制订描述术语,这些术语可以在培训过程中进一步调整。培训期间,评价员也需要讨论参考标准,小组负责人必须确保所有评价员都掌握术语和参考标准的使用。培训后,评价员在各个工作台中对样品逐一评价,并且在评价后不讨论各自结果。评价标度通常是 15 cm 线性标度,末端有参比词,也可以使用其他类型的标度[6]。通过方差分析(ANOVA)、多变量方差分析(MANOVA)和均值分离多重比较,分析评价员的分值[19]。使用多变量分析,如主成分分析(PCA),是一种在感知图中展现描述性分析结果的常见做法,一个主成分(PC)表示感官特性的线性组合,用以解释各感官特性的差异。根据 Meilgaard 等人的研究[2],定量描述分析法是将人类受试者视为最接近仪器的理想方法,因此,使用偏最小二乘统计方法可以将定量描述分析法的结果与产品分析的仪器数据关联起来[20]。

Spectrum™描述性分析方法是在 20 世纪 70 年代由 Sensory Spectrum 公司的 Civile G V 开发。该方法与前面的方法不同,需要预先确定通用的标准化术语和参考标度。该标度是一个标准化的 16 点强度标度(0 = 无,15 = 极端),也被认为是绝对标度。例如,当在这个标度上得分相同时,我们认为被测样品的咸味和甜味强度相等。由于所有步骤和说明都是按照标准进行的,因此从理论上讲,受过不同训练的小组产生的结果具有可比性[1,2]。

在前一种方法中,采用相同的术语训练小组成员。自由选择剖面分析法则不同,它允许评价员使用自己制定的术语并编制问卷[21,22]。这种方法的优点在于它不需要过多的强化训练,并能解释小组成员在感知和经验方面的差异,但是评价员在使用和评价自己的术语时应保持一致,与前面的方法一样,也要反复多次进行模拟。此外,有关产品编码和均衡设计的基本规则仍然适用。数据通常由

Generalized Procrustes analysis（一种多变量分析方法）进行分析，通过对数据进行归一化和集中处理，来调整小组成员对标度不同部分的使用，该方法还能够对产品间差异的变量（产品描述符）给出最佳解释。与主成分分析法一样，样品按照解释大部分变化的维度进行映射。但是，由于每个评价员的背景不同，因此难以对感官特性有相同的理解。

其他一些不需要严格培训评价员的技术也被广泛研究，但是实验员必须了解这些方法的局限性。例如，通过使用事先确定的感官特性[18]，或者允许小组成员开发自己的术语（如自由选择剖面分析法），可以使用上一节介绍的排序检验对具有较少感官特性和最少抽样的产品进行简单的分析[23]。这也被称为"闪式分析"，它对于需要对产品进行快速比对的公司来说，是一个很有吸引力的选择。

8.4.4　情感测试

情感测试（可接受性或喜好测试）可以与营销部门进行密切合作，或者选择一个能够代表预期消费者特定的细分市场作为产品"上市前"的研究。最好通过调查问卷的方式来招募未经培训的评价员，问卷应包括被测试者的购买力、饮食习惯、收入水平和年龄等。评价员的人数取决于测试的期望显著性水平以及是否愿意承担 α 风险（Ⅰ型错误）或 β 风险（Ⅱ型错误）（参见第 8.4.1 节）。例如，Hough 及其合作者指出，如果想得到 $\alpha = 0.05$，β 范围从 $0.05 \sim 0.20$，平均均方根误差除以标度长度（RMSL）为 0.23 的结果[24]，需要 84～138 名小组成员，这是通过分析在 5 个国家进行的 108 项消费者可接受性研究的数据而获得的。

情感测试中使用的技术包括衡量产品的"喜好"（绝对评级），或比较产品的偏好（相对评级）。绝对评级通常使用已被广泛接受的九点标度来衡量。除此之外，还有其他标度，如七点"优秀"标度（极好，非常好，好，一般，差，非常差，极差），或面部喜好标度[2]。尽管标度是分类的，但假定它的区间相等，我们把语义描述转化成连续数字（1～9），并将数字分配到标度的每个点上，使用数理统计（如 ANOVA）进行分析。其他的标度也是分类的，如"正好"的标度（"太甜了""非常甜""正好""有点甜""一点也不甜"）。在这些标度中，统计每个类别的答案所占百分比，并使用 χ^2 检验分析答案分布[2]。

排序检验（简单或成对排序）（参见第 8.4.2.3 节）非常适用于对产品可接受性的研究，但与喜好标度不同，该方法无法得知对两种产品的喜好程度。例如，如果产品 A 和 B 在九点喜好标度中的平均评分分别为 8.8（非常喜欢）和 5.0（介于喜欢与不喜欢之间），则排序检验能够给出相同产品的排名：1 和 2。同样地，排序检验可以看出消费者更喜欢哪个产品,但这并不代表他们是否喜欢这些产品(他们可能对 A 和 B 都不喜欢,但认为两者之间 A 比 B 要好)。

8.5　准备和计划

充分的准备和合理的计划是成功的关键。

8.5.1　实验设计

没有一种通用设计能满足所有情况,因此保持平稳心态有助于为正在研究的不同方向选择适用的方法,从而最大限度地降低过度设计的风险。另外,需注意样品数量和可用评价员人数对试验设计的限制。一个好的实验设计非常重要,此外,了解一个特定的设计可以提供多少信息以及需要多少信息也同等重要。应使问题简单明了,无需问太多问题。

其他可借鉴经验:

作者一开始就有机会以不同的身份(如"硬科学"、感官科学和行政管理等)参与一些研究项目。其中一个最重要的经验是,必须在每一步都保证最终产品的质量。试验的每一步都非常重要,这甚至超过了所选用的感官技术本身。拥有训练有素、数量众多的评价员,以及用于数据分析的最佳统计软件,并不能弥补因实验设计的不足、标识错误的样本或者由于预算限制、样本太少导致无法获得可靠结果的缺点。

例如,针对某个市场检验优质火腿(包括不同的猪肉品种、生产批次、日常饮食等),应该去生产基地进行调研,认识动物饲养员、与负责的主管进行交谈、实地查看他们如何准确的投喂适量的饲料。了解他们如何跟踪自己的动物以及其中一只动物丢失标签的可能性,这对你来说是有意义的;分配不同喂养方案的动物是否与你的设计方案一样是随机的? 如何疏解动物的压力? 这重要吗? 如何处理动物在农场的活动和运送到屠宰场? 测量时是否小心谨慎? 受控的实验环境在多大程度上使你的实验不同于正常程序,你应该为以后的方案提出建议吗? 所有这些经历可以带来很多乐趣,让实验者有机会离开实验室呼吸新鲜空气,但最重要的是,它们能够让研究人员更好地了解能做什么和不能做什么，以及所需付出的努力（成本），以便可以改进或优化实验设计。换位体验也很有必要：邀请生产人员到实验室并向他们展示样品的处理方式，这样他们就能理解为什么实验设计中的每项要求都很重要，以及如果不遵循程序会对最终结果产生多么大的影响。

8.5.2　环境

首先需要考虑的是感官分析场所的设施。在内部测试时（通常是经过培训的小组），需要提供一个安静的环境，让评价员能够集中精力地工作。另外，应该有良好的照明、防止外来气味和噪声的干扰，理想状况下，处在不拥挤也不偏远的地段，有入口和出口、样品准备区、品评区和讨论区。此外，准备区与品评区之间有隔离墙，通过墙上的开口向品评区提供样品，品评区需要过滤空气和正压。有关更完整的说明，请参阅文献[2]。

另一个需要特别注意的是，所有参加人员不能使用含任何香味的产品（口红、须后水、香水等），这些产品会干扰评价。评价期间应该保持安静，避免任何不必要的谈话、喊叫、噪声或手势等，以免干扰其他评价员的判断。

8.5.3　样品制备

食品安全对评价员至关重要，因此应采取一切预防措施，确保提交给评审小组的样品达到最严格的食品安全和卫生标准（如烹饪至熟透和适当贮存），以避免任何可能的污染源影响评价员的健康。因此，在对所有器具的表面进行清洗时要戴上帽子、口罩和手套，同时应注意正确贮存所有的食品和配料。在保质期研究中，感官评价应在食品安全员（或微生物学家）对样品进行分析并确认安全之后进行，以保证评价员食用的样品是安全的。如果团队中没有微生物学家，在将样品用于小组测试之前，应将样品委外进行微生物分析。

选定了试验的地点和小组成员以后，就可以着手准备和摆放样品。准备适量的样品，使用一次性塑料杯（带或不带盖子）或纸盘整齐有序的摆放。每一个样品都应该有一个清晰、随机的三位数，不能给评价员任何关于特定样品或顺序的线索。如果样品需要冷藏（例如，酸奶、橙汁）或加热（例如，热可可、肉），则这些样品应反映这一点，并在预期食用温度下摆放。此外，应特别注意使所有样品处于相同的温度。然而，对于大规模的研究来说，这本身就可能是一个挑战。

其他一切都应该按照标准来执行，如果很难实现，那么实验设计应该考虑随机变量,包括一天中的具体时间点、星期几、温度、产品外观、环境、标签、颜色、大小和光照。风味感知和个人偏好间的内在关联现在尚未完全清晰,因此减少变量的唯一方法是严格遵守标准。这样可以防止样品包装、软木塞/盖子、容器、参与者的体液、受污染的杯子等污染物和异味影响试验,从而使结果无效。

一个意外的变异性来源是生产过程,例如从基质中除去不需要的调味料的纯化方法。这个过程会使产品受到微量化学物质的污染,除非经过专业检测,否则这些化学物质可能无法被检测出来,从而影响最终的整体风味特征。这些污染源包括过滤网、离子交换器和碳过滤器,这些设计目的是去除某些不需要的化合物,但自身也可能提供离子或去除所需组分从而改变了感官质量。类似的情况也可能出现在工业处理阶段,原材料的改性过程使用的化学物质可能保留在最终的产品中(例如,在一些肉类嫩化技术中,注入钙盐以优化工艺范围和持续时间,但超过一定浓度时,最终产品中可能出现"金属"异味)。

8.6 评价小组选择

感官评价是小组负责人对质量承诺的终极检验:评价过程的每个细节都应该受到关注,小组自身就有很多变异性,程序不严谨就会引入更多变异性。小组自身变异性的来源可能是缺乏对感知及沟通的深层机制的了解。因此,使每一个可控的程序标准化对于最大限度地减少外部影响和其他不必要的变化非常重要。与任何分析测试一样,感官评价可能存在许多干扰源,如何避免和减少干扰是研究人员面临的挑战。"仪器"(即小组成员),是研究人员用来获取原始数据的主要"工具",他们会进行反馈、会有情绪变化、随着时间的变化会有不同的反应,或者在实验过程中没有感知,因此必须采取措施来确保数据的可靠性。与其他任何程序一样,最终结果和结论仅仅与数据相关。由于所有这些原因,这里列出了一些重要的事项,在任何感官评价之前、期间和之后都应该得到重视。

8.6.1 训练有素的小组

普通的小组通过指点和培训成为受过训练的专门小组。在一系列标准化测试和/或所选产品的香气/气味中,应根据可选人员的味觉、嗅觉和辨别四(五)种基本味觉的能力,从中选出精英。那些表现令人不满意、不能参加每次会议或性格强势的人,都应该被筛除。在选择 12～18 名成员,且在任何时间都能保证有 8～12 人参与评价之后,小组应接受基本味觉和待测产品感官特性的培训,以确保所有评价员都了解自己的职责,并且能明确地表达他们的评价结果,包括讨论如何表达评价结果、术语表(术语表是用于描述风味特征的术语集合)的开发(或采用)(见文献[5])。

训练有素的评价员是一种稀缺的可再生资源,培养出合格的评价员非常困难,且容易流失,所以小组负责人需要尊重评价员。评价员的选拔和培训需要几个月的时间,并且如果受到某些特殊因素的限制(例如,在测试酒精饮料时,应排除非饮酒者、孕妇、驾驶和/或操作机械等的受试者),会显著减少潜在评价员的数量,以至于没有足够的人员进行有意义的评价。

值得注意的是,这带来了一个很明显的差别:训练有素的小组是由经过培训的评价员组成;而消费者小组由没有接受过感官训练的消费者组成。应该避免重复使用相同的人员进行消费者评价,因为这违背了一个基本原则,即消费者会受到某种程度上的训练,或者至少不再被认为是一无所知的,这就可能会使他们的评价带有偏好,使结果无效。例如,消费者小组中不应该包括内部小组成员,因为他们可能对产品了解太多或者有先入为主的偏好,从而使评价结果产生偏差。

8.6.2　消费者小组

另一个需要考虑的重要因素是评价员的人文素养,所以要确保解决任何可能因反对品尝样品、或其成分或制备形式而产生的问题。例如,有些人在哲学上反对转基因生物,或由于文化、宗教背景,要求避免食用某些食物、特定的生产技术或配料(例如,犹太或清真食品、某些文化和宗教,要避免食用被认为是不洁净的动物肉类)。

其他可借鉴经验:

本章的作者之一在雅典的乔治亚大学帮助组织了一个消费者小组来评估西红柿的品质。不幸的是,由于一些研究者无法控制的原因,实验日期落在了斋月期间,而学校里的许多学生都是白天禁食的穆斯林,所以此时很难找到足够的评价员;另一方面,一些可用的评价员坚持在西红柿中放盐("我不吃没有盐的西红柿")。在这种情况下,研究人员不得不面带微笑的继续进行,并谨慎地在选票上做记号以便日后销毁,从而浪费了一个样本(被测试的感官特性之一是西红柿的咸味……)。

受试者的过敏反应和不耐症是另外两个需要重点考虑的方面。如果被测试的产品或其任何成分可能产生过敏反应,则需要采取相应的措施,以确保可能产生过敏反应或不耐症的样品永远不要提供给过敏人群。此外,由于怀孕可能会改变人们对味觉的感知,因此除非产品是专门针对该市场的,否则不应要求孕妇参与这个评价小组。

在某些机构,通常是大学,有关于使用人类受试者的规定和程序。一般情况下要求预先批准测试(证明测试的必要性及无害性),并且所有参与者都要签署同意书。在任何情况下,研究人员必须了解任何可能适用于他们工作场所的法律方面的知识。

未来评价员的招募可以随机进行,但如果与具体应用相关,则最好考虑种族、文化背景、宗教/哲学信仰、对产品的熟悉程度等潜在因素,因为这些因素可能会关系着实验的成败。感官,尤其是嗅觉,是与个人文化背景以及经历相关的记忆的有力触发因素。对于消费者小组,可以根据他们与产品的相关性来选择参与者:如果想测试一种新酸奶的认可度,那么一个合适的起点应该是一家靠近乳制品厂的居民区,并邀请乳制品消费者参与。这种人口细分的方法将有助于消除数据中可能掩盖某些有用结果的"噪声"(大多数情况下,如果消费者不喜欢或不愿意购买某种特定类型的产品,此时若仍询问消费者是否喜欢或购买意向则没有任何意义)。这个实验应与项目的目标保持一致,如果目标仅是测试酸奶消费者,那么结果将只对酸奶消费者的亚群体有效,并不能外推到更广泛的群体中。

8.7 计 划 执 行

始终尊重每个评价员,让他们觉得自己的观点非常重要,并向他们保证答案没有正确和错误之分,只是个人感知结果。获得积极反馈的评价员会同意参加更多的测试。测试完成后,如果使用纸质调查表,则在提交调查表时应仔细检查每一页,确保每个空框均被选择、填写了评论以及人口统计信息。如果使用计算机程序代替纸质调查表,软件应不允许提交不完整的调查表。

到实际测试的那一天,每个方面都应该准备充分。如果计划完整且正确,则不需要临时进行更改。对于较复杂的或大型小组,最好是招募助手并进行预演,以确保一切顺利进行。同时,助手有机会更好地了解他们的角色,并理解小组机制和评价员的待遇。除此之外,要有足够的耗材来应对任何不可预见的事故(溢出、泄漏等)。事故有时确实会发生,因此准备好额外的未标记的杯子和标签可以减少麻烦,并节省时间。

　　确保所有必需的东西都可用,并以一种对帮助运行小组的每个人都有意义的方式进行组织。如果样品需要在装盘前准备(如熟肉等),则应预留额外的时间来准备样品。在大多数情况下,最好将样品装在盖有盖子的一次性塑料杯中(2～4盎司,60～120 mL)。

8.8　实　验　结　果

　　研究人员应该提前计划好做什么,以及如何处理实验结果。例如,如果结果之间发生冲突,该怎么办? 下一步做什么? 重新设计? 将细分市场包含在内? 增加评价员的数量? 可行性如何(从实际和经费的角度来看)?

　　这又回到了计划阶段:调查表中是否有评论栏? 这些问题需要开放式还是封闭式答案? 大多数开放式的问题都没有得到回答,封闭式评论容易受到研究者或评价员的误导反而更可能得到回答。同样,实验者也应该意识到有问题的措辞也可能会对结果产生影响。

　　对于封闭式问卷(提供了一系列可能的答案,如多项选择),强烈建议对每个可能的答案进行充分的考虑,并由经验丰富的调查人员根据预先建立的术语对问卷进行审查。有时,运行一个测试小组并记录随口而出的答案是很有必要的,这些答案可以作为制定正式小组测试中提供的封闭答案的基础。此外,也可以选择小组座谈的形式进行测试。

　　正如前面几节所讨论的,根据所使用的感官技术不同,得到的统计数据也会有所不同,并且每种情况都需要最少的测试样品或不同的评价员以获得具有统计意义的结果。在感官评价中,还有一个方面不同于大多数“传统”分析技术,即结果除了具有统计学意义外,还必须具有生物学意义。

　　为了说明这一点,我们假设实验者想比较两个杂交品种的牛肉嫩度。仪器分析(Warner-Bratzler 剪切力法)表明,0.5 磅(227 g)的肉在统计学上有显著差异;而对相同原料进行同一感官分析时,发现在 1 磅(454 g)或更多时,评价员才能够感觉到差异。那么应将哪个值视为最具相关性的结果呢? 仪器分析值是最有相关性的吗？换句话说，当没有人能够在0.5磅(227 g)时检测到差异，这种差异还有意义吗？此时，也许1磅(454 g)的水平更能决定消费者是否能够根据肉质嫩度来区分这两个杂交品种。这同样适用于水果和水果产品的差异分析，1白利糖度的变化（固形物含量的常用单位，主要是水果中的糖）通常不足以与甜味强度感知的改变相关联。

与其他评价方法一样，感官评价结果始终是一个统计值。例如，10名小组成员中有9人认为新产品很棒且可能会购买，34%的人认为钙化处理牛排的嫩度为9；27%的人认为嫩度为7；21%为6；10%为4和8%为1。如何处理这些结果呢？这时候就必须要根据自己的常识，这也是研究人员的秘密武器。但必须记住，在做出任何决定以及得出结论之前，甚至在做任何评估之前，研究人员必须知道评估结果的预期精度和准确性，最重要的是，需要回答什么问题。

结 论

评价小组可能会出现逻辑混乱、耗时、人际关系紧张、所获得的结果有限，且结论并不总是很直观等问题。那为什么还要这么麻烦的进行感官分析呢？这是因为它能给你"意想不到"的结果，现有发明的仪器都无法取代，也就是说，它给出的是一个大致情况（或概率），即一种新产品的可接受度（购买欲望），或与竞争产品相比消费者的青睐程度（消费者小组）；与竞争产品或者自我期望的"黄金标准"相比，产品的香味、质地、整体感觉如何。

有一种说法叫"鼻子知道"。在本书的第3章中曾经提到，当一个人嗅闻色谱仪中色谱柱的流出组分时，可以分辨出仪器检测不到的化合物。因此，受过训练的小组得出的结果可以为仪器数据提供补充，这有助于从人类感知的角度理解产品。另一方面，消费者小组会有情感反应，这是任何一种仪器都无法提供的。

参 考 文 献

［1］　Lawless H T，Heymann H. Sensory Evaluation of Food：Principles and

Practices[M]. Gaithersburg: Aspen Publishers Inc. , 1999: 827.

[2] Meilgaard M, Civille G V, Carr B T. Sensory Evaluation Techniques [M].4th ed. Boca Raton: CRC Press, 2007

[3] Resurreccion A V A. Consumer Sensory Testing for Product Development [M]. Gaithersburg: Aspen Publishers Inc. , 1998: 254.

[4] Stone H, Sidel J. Sensory Evaluation Practices[M]3rd ed. New York: Academic Press, , 2004

[5] Drake M A, Civile G V. Flavor Lexicons[J]. Food Science and Food Safety, 2003, 2: 33-40.

[6] Carpenter R P, Lyon D H, Hasdell T A. Guidelines for Sensory Analysis in Food Product Development and Quality Control [M]. 2nd ed. Gaithersburg: Aspen Publishers Inc. , 2000: 210.

[7] Dematte M L, Sanabria D, Spence C. Cross-modal Associations Between Odors and Colors[J]. Chemical Senses, 2006, 31: 531-538.

[8] Plotto A, et al. Odour and Flavour Thresholds for Key Aroma Componentsin an Orange Juice Matrix: Terpenes and Aldehydes[J]. Flavour and Fragrance J. , 2004, 19: 491-498.

[9] Laing D G, Legha P K, Jinks A L, et al. Relationship Between Molecular Structure, Concentration and Odor Qualities of Oxygenated Aliphatic Molecules[J]. Chemical Senses, 2003, 28: 57-69.

[10] Amoore J E. A Plan to Identify Most of the Primary Odors[M]// Pfaff-Mann C. Olfactionand Taste III. New York: Rockefeller University Press, 1969: 158-171.

[11] Amoore J E. Olfactory Genetics and Anosmias [M]//Handbook of Sensory Physiology. 1971, 4: 245-256.

[12] Amoore J E. Specific Anosmias[M]//Getchellet T V, et al. Smell and Taste in Health and Disease. New York: Raven Press, 1991: 655-664.

[13] Plotto A, Barnes K W, Goodner K L. Specific Anosmia Observed for β-ionone, But not for α-ionone: Significance for Flavor Research[J]. J. Food Sci. , 2006, 71: S1-S6.

[14] Schilling B. Odorant Metabolism in the Human Nose[C]. AChemS 28th Annual Meeting, April 26-30, 2006, Sarasota, Florida, USA. Book of abstracts.

[15] Buettner A. Flavor Metabolism in the Oral Cavity[C]. AChemS, 28th Annual Meeting, April 26-30, 2006, Sarasota, Florida, USA. Book of abstracts.

[16] Margaria C A. Flavor Quality Models for Consumer Acceptability Using Partial Least Squares Regression [D]. Athens: University of Georgia, 2001.

[17] Meilgaard M, Civille G V, Carr B T. Sensory Evaluation Techniques [M].3rd ed. Boca Raton: CRC Press, 1991.

[18] Rodrigue N, Guillet M, Fortin J, et al. Comparing Information Obtained from Ranking and Descriptive Tests of Four Sweet Corn Products[J]. Food Qual. Pref., 2000, 11: 47-54.

[19] Lea P, Næs T, Rødbotten M. Analysis of Variance for Sensory Data [M]. New York: John Wiley & Sons, Inc., 1998: 102.

[20] Martens M, Martens H. Partial Least Square Regression[M]// Piggott J R. Statistical Procedures in Food Research. Elsevier Applied Science Publishers Ltd., 1986: 293-359.

[21] Arnold G M, Williams A A. The Use of Generalized Procrustes Techniquein Sensory Analysis[M]. Piggot J R. Statistical Procedures in Food Research. London: Elsevier, 1986: 233-253.

[22] Williams A A, Arnold G M. A New Approach to the Sensory Analysis of Foods and Beverages[M]. Adda J. Proceedings of the 4th Weurman Flavor Research Symposium. New York: Elsevier Science Publishers, 1984: 35-50.

[23] Delarue J, Sieffermann J-M. Sensory Mapping Using Flash Profile. Comparison with a Conventional Descriptive Method for the Evaluation of the Flavor of Fruit Dairy Products[J]. Food Qual. Pref., 2004, 15: 383-392.

[24] Hough G, et al. Number of Consumers Necessary for Sensory Acceptability Tests[J]. Food Qual. Pref., 2006, 17: 522-526.

第9章

香料分析和监管

9.1　引　　言

　　香料是生产食品或饮料的常用添加剂,通常含有几十种组分和数千种单体化合物。尽管香料成分复杂,但其加工技术相对简单,只需要香料配方、原料和加工设备。香料生产商通过保密其产品配方来保护自己的工艺技术。

　　香料生产商对其产品经济利益的追求与食品生产商和消费者对食品安全和健康的追求相一致。如何保证他们购买及消费的香料安全性? 如果食品生产商或消费者只想使用天然香料而不是比较便宜的合成香料,那么香料购买方如何确保符合要求? 如果某些香料生产商"造假"甚至使用更便宜的"违禁"成分,那么香料生产商之间如何公平竞争? 出于这些原因,政府和其他监管组织制定了香料的监管法规。

　　在香料生产商需要"保护配方"和香料购买方/消费者/监管机构希望"公开配方"的背景下,香料的化学和感官分析技术经历了革命性发展。在 20 世纪初,香料分析只有简单的化学检验及感官分析,只能获取整体配方的少量信息。如今,随着现代色谱技术的普遍应用,几乎所有的化学成分都能被精确地鉴定,从而使香料混合物的逆向剖析变得相对容易。

　　尽管有了这些发展,收集的分析数据虽然很有用但仍不完善,香料产品的监管仍然复杂且障碍重重。例如,在成品饮料中可能强制使用正宗的香草豆提取物,而这种天然提取物是由生长在世界各地的植物原料、按照不同传统和现代技术进行发酵,并采用不同工艺进行提取,如何对"正宗的香草豆提取物"的准确组成进行分析鉴定仍然是个问题。

　　本节我们重点介绍了在香料分析技术的重大发展背景下,对香料供应商、食品生产商和消费者之间的矛盾,从而提出建立起香料监管框架必要性。第 2 节概述了香料监管框架,最后 1 节重点介绍分析技术和法规在具体监管中的基本作用。

9.2 监管概述

9.2.1 历史

从历史上看,食品和饮料生产商需要将香料、精油和其他添加剂与主体成分掺配在一起,生产食品。"香料"从未作为一个独立的产品存在,而是被纳入到整个产品配方中。食品生产商控制所有配料的来源。"香味配料"主要是天然香原料和提取物,例如盐、醋、柑橘油、肉桂、香草等。随着消费者口味需求多元化和世界贸易的发展,不同香味的香原料数量也在增加。然而,这些香原料往往生长在偏远地区、价格昂贵且经常遇到供应中断的情况。为了确保食品安全,必须进行监管。由于食品生产商掌握着原材料的所有信息,在出现"问题"时,消费者和监管机构可以很容易确定问题来源。

随着 19 世纪和 20 世纪初现代有机化学的出现,研究者鉴定出了对于天然产物香气具有关键作用的一些化学物质。例如,1858 年,Gobley 首次从香草豆荚中分离出香草香味的主要成分——香兰素;1896 年,Semuler 和 Tiemann 分离出了柠檬香气的主要成分——柠檬醛。经验丰富的评香师可以根据这些知识在一定程度上量化香气强度。那时化学家们也开始研究重要香料化合物的合成方法,例如,Tiemann 在 1874 年合成了香兰素。合成香料彻底改变了香料的生产,减少了天然香料的需求。天然香料可能价格昂贵、产量有限且质量不稳定。此外,食品生产商很难获取质量稳定的香原料。

随着时代发展,专业生产合成香料、各种天然提取物和精油以及这些配料复合的各种"香味板块",共同组成了现代香料工业。现在,香料生产商专业生产各类香料,出售给食品和饮料生产商。食品生产商从香料公司购买满足最终产品香味、标识和监管要求的香料板块。然后将香料板块与其他食品配料复合,包装后分销出售给消费者。

随着现代香料工业的发展,政府对食品生产的监管力度大幅增强。在美国,Upton Sinclair(1906)发表的《屠宰场》详细揭露了有关肉类生产行业所发生的丑恶事件,从而推动了政府监管。最终,美国在 1938 年建立了美国食品和药品管理局(FDA),制定了《联邦食品、药品和化妆品法案》,此后对法案进行了修订。这种监管模式将添加到食品中的所有食品配料,包括香料,全部纳入监管范围。该条例尊重了香料行业希望保护香料配方的要求。虽然食品生产商可能不知道购买的香料板块中的所有成分,但香料生产商有责任遵守相应的法规。这种模式保护了香料配方的商业秘密,但作为香料的"标准"监管模式,还必须符合世界各地的具体规定。

在此后的几年中,随着更多的安全、监管和产品问题的披露,全球各个国家均修改或扩展了具体香料法规以解决这些问题。从广义上讲,主要的监管问题可以分为三大类:安全、产品标识和公平贸易法规。下面将分别进行阐述。

9.2.2 安全法规

食品消费者最关心的是该产品是否安全。安全问题可能来自具有急性或慢性毒性的配料,或由疏忽大意引入的污染物,如重金属或杀虫剂。为了确保香料消费安全,一般根据创建许可安全成分"肯定列表"的理念制定法规。例如,美国FEMA/GRAS 列表是"公认安全"的香料清单,或欧盟制定的 2232/96/EC 清单。肯定列表监管方法有几个优点:首先,香料生产商不需要披露所用的配料,只需确保符合肯定列表;此外,从理论上可以通过分析测定不在列表中的添加剂来检查不符合性。表 9.1 列出了世界各地香料产品的重要肯定列表来源。

表 9.1 香料组分重要的肯定列表

欧盟	欧盟理事会条例,香料物质正向列表[1]
日本	食品安全部,食品添加剂正向列表[2]
美国	FEMA/GRAS 列表[3]

肯定列表也有几个缺点,尤其是向肯定列表中添加新配料非常困难,从而限制了香料创新。修改肯定列表通常是一个非常耗时、耗财的过程。如果全球有许多不同的肯定列表在使用,这个问题会更加凸显。使用这些类型的列表很难保护专有的或"商业机密"的配料。此外,列表本身也可能含糊不清。例如,肯定列表上的天然精油,可能含有数百种化学成分。含有高浓度特定化学成分的浓缩精油,可能包含在肯定列表中,但是,这些化学成分自身并不一定在肯定列表中。在什么情况下,浓缩精油会变成完全不同的条目,在肯定列表中单独列出呢?

在某些情况下还存在"否定列表",列举禁用或限制使用的香味配料。通常,这适用于曾被使用但因某种原因被发现不安全的配料。例如,《美国联邦法规法典》(CFR)中关于香豆素的法规(21 CFR 189.130)。在 20 世纪 40 年代被禁止使用之前,香豆素用于人造香草香料配方。美国联邦法规 21 CFR 189 列举了食品和香料中的各种禁用配料。另一个例子是欧盟香料指导规则 88/388/EEC 附录Ⅱ,列举了香料中禁止添加的配料。

安全问题的第二个来源是香料产品的意外污染——包括化学物质以及微生物。在这里,可以借用食品配料法规监管香料配料。例如,对香料配方中使用的天然提取物中的重金属进行限量。香料生产商必须确保其产品中使用的原材料符合安全/法规要求。其他相关污染物包括杀虫剂和其他农药残留物、自然生成的毒素和意外引入的过敏原。表 9.2 列举了一些香料制造中重点关注的污染物。总之,香料必须在良好生产规范(GMP)条件下生产,达到所有食品安全需求。这些要求涉及与生产环境有关的卫生和清洁问题以及其他的一些问题。表 9.3 列出了世界范围内管理食用香料的一些重要生产法规。

表 9.2 香料中关注的几类污染

过敏原	花生、树螺、牛奶、牛奶、鸡蛋、大豆、鱼、甲壳纲动物、小麦
转基因蛋白	—
重金属	—
天然毒素	黄曲霉毒素、棒曲霉素
杀虫剂	—
溶剂残留	—

表 9.3 食品/香料生产重要法规

加拿大	食品和药品条例[4]
欧盟	食品卫生条例[5]
联合国/联合国粮农组织/世卫组织	国际推荐食品卫生操作规程、食品卫生一般准则[6,7]
美国	食品药品化妆品法案、食品生产 GMP 条例[8,9]

基于香料本质上是混合化学品的特点,制定了第三类安全法规。生产车间的安全规章要根据各种化学成分的化学接触、MSDS、吸入和安全处理规范来制定。此外,化学品的登记和运输法规也适用于混合化学品。由于香料混合物的闪点相对较低且易燃,因此香料的处置和运输法规至关重要。尽管对这些通用化学品法规的进一步讨论非常重要,但在本章不予涉及。

9.2.3　产品标识法规

除了安全问题之外,消费者日益希望了解他们所消费食品的组成及对健康的影响。因此,制定的法规要求披露制成品的配料组成和营养成分。如上所述,这种诉求必须与生产商保护其配方机密的需求相平衡。

绝大多数情况下,香料企业都想方设法不向消费者披露香料的具体配料信息,通常笼统地描述为"添加的香料"。食品生产商虽然没有向消费者披露香料的具体组成,但需要让消费者了解到食品中添加了单体香料还是复合香料。

早期,消费者对"天然"产品的青睐,促使"天然香料"与"合成香料"区分开来。通过这种方式,食品或饮料生产商可以在包装标识上注明"添加天然香料",以区别于其他产品。因此,法规对"天然"香料给出了明确的定义。虽然概念很简单,但在实际中对天然香料的确切定义却很难。例如,完全由植物提取物制成的香料(如从桔皮油中提取的桔子香精)显然是天然香料产品。如果我们再添加一种从天然提取物中分离出的香味化合物单体(如从薄荷油中蒸馏出的反式-2-己烯醛),这也可以说是"天然的"。但是,当添加的反式-2-己烯醛是由微生物发酵生产,或者是转基因微生物生产,这又怎么定义呢? 在什么情况下反式-2-己烯醛不再符合"天然"的定义呢? 例如,天然香原料的化学改性(如天然醇和酸的催化酯化),生成的酯仍然是"天然"的吗? 由于"天然"产品对消费者的重要性,因此法规对"天然香料"的定义非常重要。

天然香料和合成香料的具体定义可能很复杂,天然香料在不同的监管区域定义也不同。主要差别在于天然香料生产过程中允许采用哪些特定生产工艺。当然,任何监管的特定术语通常都存在"灰色区域"的解释。此外,某些监管区域,如欧盟,允许使用天然等同香料(NI)进行调配。天然等同香料其化学结构与天然香料相同,但可能使用的是合成香料(见第1章第1.5节)。表9.4列出了一些定义了香料类型的重要香料法规。

表9.4　定义香料类型的法规

澳大利亚/新西兰	香料及风味强化剂用户指南[10]
欧盟	香料指导规则[11]
日本	天然香料动植物来源列表[12]
联合国/联合国粮农组织/世界卫生组织	天然香料一般要求[13]
美国	香料标识条例[14]

除了天然和合成香料标识以外,消费者需求还推动了新的标识目录发展,如"非转基因""有机"甚至"原产地"等。例如,美国要求果汁产品必须标注果汁/果汁浓缩物原产地。每一个新的标识目录都需要制定具体的法规给出明确定义,然后应用于香料。例如,美国农业部管理的国家有机规范规定了有机食品中允许添加的调味配料;欧盟(EC)50/2000 条例规定了使用转基因来源香料的食品标识。

最后一类标识法规主要涉及宗教教规——kosher(犹太教)和 halal(伊斯兰教)——的产品标识。虽然美国只有一小部分犹太人,但美国生产的食品中有很大一部分标识为"kosher",消费者习惯把"kosher"标识视为品质的保证。有关"kosher"标识的认证完全由私人组织管理。只有"kosher"认证批准的配料和生产工艺生产的香料才能用于犹太食品。对于伊斯兰团体定义的"halal"香料,情况也是如此。

9.2.4　公平贸易法规

影响香料的第三类法规可归类为公平贸易法规,最终与产品标识挂钩。广义上说,这些法规要求如何调配香料,从而使香料和最终产品在市场上参与公平竞争。通常这些法规适用于制成品,香料只是成品的一种"配料"。然而,有些法规专门针对香料自身的生产和销售。

"标准认证"法规适用于全球许多食品。例如,美国联邦法规法典和欧盟指导规则中都有"橙汁"的定义。定义之间有一定差异,它们确定了哪些产品可以在各自地区作为"橙汁"销售。除其他禁令外,条例还规定了橙汁或橙汁浓缩物中可以添加的调味配料。另一个例子是美国联邦法规法典明确规定了"香草提取物"产品的所有配料和生产工艺。

在美国,对酒精饮料中允许使用的香料的监管稍有不同。这些香料需要获得烟酒税收贸易局(TTF)的批准,因此必须符合针对酒精税和酒精饮料公平贸易的专门规定[15]。这些法规规定了使用乙醇作为混合香料的溶剂,并限定了可使用的配料的种类,甚至酒精饮料中使用的"天然"香料还有一个单独的定义(见第 1 章第1.5 节)。

在全球范围内,有许多"标准认证"法规覆盖了数千种产品。有些法规禁止添加任何调味剂,而另一些则对存在于调味剂中的香料或成分的使用加以限制。由于各种各样的法规,香料制造商必须根据具体情况对这些产品进行处理。表 9.5列出了全球一些重要的等同标准。

表 9.5　食品包括香料的等同标准的几个法规

醇饮料:	
加拿大	食品和药品条例[16]
美国	联邦条例守则[17]
果汁:	
欧盟	果汁指导规则[18]
美国	联邦条例守则[19]
香草提取物:	
加拿大	食品和药品条例[20]
美国	联邦条例守则[21]

9.2.5　香料类型

为了应对各种香料监管法规,开发了种类繁多的香料,便于香料的商业贸易和监管:

(1) 天然和合成香料(N 和 A)

涵盖的香料种类最多。天然和合成香料既含有天然成分,又含有合成配料。香料必须符合其最终使用市场的具体规定,因此,一种天然和合成香料在美国可以使用,但是在日本可能不允许使用。

(2) 天然香料

天然香料是一个非常广泛的范畴,它必须完全来源于天然原料。香原料中的香味成分可以通过物理方法(例如萃取或蒸馏)分离出来,可以进行少量的化学修饰。在后一类中,发酵或烘焙过程通常认为是"天然"的。根据消费品最终具体使用的标识要求,将天然香料分为几个子类别。天然型香料必须全部是天然的,不能含有命名原料以外的任何成分。例如一种天然型苹果香料不能含苹果以外的成分。"含其他天然成分(WONF)"天然香料是天然香料的一个子类别,其中该香料必须包含源自命名香料的某些成分。例如,含其他天然成分型天然桔子香料必须含有桔子成分,但也允许使用其他天然成分。水果型(FTNF)天然香料,配料完全来自命名原料。

(3) 天然等同香料(NI)

这是某些市场,例如,欧洲的法规设立的一类香料。NI 香料介乎"天然"和"合成"香料之间。简单地说,NI 香料含有天然和合成香料,但其所含的合成香料必须是天然存在的。例如,乙基-2-甲基丁酸酯(E2MB)是苹果香气的重要组分,但天然

E2MB 非常昂贵。在 NI 香料中,可以添加合成 E2MB。

（4）TTF 天然香料

这是一种专门用于美国酒精饮料的香料。TTF 香料必须得到烟酒税收贸易局的批准,这项规定允许在酒精饮料使用的天然香料中可以含有最多 0.1%的合成香料。这一规定大大降低了这类香料产品的制造成本。

根据市场和监管机构的要求,还涉及其他种类香料。有机香料和非转基因香料是两个相对较新的类别。这些香料必须符合有关有机和非转基因食品的法规。其他重要的香料类别,如 kosher 和 halal,已在上文中讨论。

9.2.6　监管机构

原则上,每个国家都有自己的监管机构来管理食品和香料。然而,实际上,最大的食品消费市场——美国和欧盟——已经制定了许多监管框架作为世界各国的范本。日本作为一个日益重要的香料市场,也制定了相关法规,但在某些关键方面不同于欧美。联合国也正在制定一项旨在制定全球食品生产和贸易标准的规范,这涉及许多与香料相关的食品。表 9.6 显示了一些重要的国家和多国联合的政府监管机构。正如美国的案例所描述的那样,香料既是食品成分,也是化学混合物,并且常常利用农产品原料,因此,有时需要几个监管机构参与香料产品相关方面的监管。

表 9.6　香料监管机构

澳大利亚/新西兰	澳大利亚新西兰食品标准局(FSANZ)
加拿大	加拿大卫生部
日本	日本厚生劳动省
欧盟	欧洲食品安全局(EFSA),食品添加剂、香料、加工助剂和食品接触物质科学委员会专家组(AFC),欧盟理事会食品科学委员会(SCF)
联合国	世界卫生组织/世界粮农组织－食品法典委员会和食品添加剂联合专家委员会(JECFA)
美国	食品药品管理局(FDA),美国农业部(USDA)、烟酒税收及贸易局(TTF)

为了最有效地影响这些监管机构,香料行业和主要的香料使用行业也经常组建某些贸易组织。表 9.7 列出了代表香料行业的主要工业和贸易组织。除了香料生产商外,香料使用行业显然也十分关注香料法规,例如饮料行业,它需要购买大量的香料产品,其产品受到香料法规的显著影响。表 9.7 列出了一些试图影响香

料法规的主要饮料贸易组织。

表 9.7　主要的食品和香料工商贸易监管组织

欧洲香精香料协会(EFFA)

香料和提取物生产商协会(FEMA)

国际精油和香料贸易联合会(IFEAT)

香料工业国际组织(IOFI)

日本香原料协会(JFFMA)

美国饮料协会(BBA)

美国蒸馏酒协会(ADI)

欧洲软饮料协会(UNESDA)

欧洲果汁协会(AIJN)

德国果蔬工业协会(SGF)

　　没有证据表明,私营和独立组织验证香料生产商是否满足质量体系如 ISO 标准、kosher 和 halal 标准、有机标准。这些组织由香料大客户批准、指定或默许成立,具有不确定性。

9.2.7　香料分析在法规一致性中的作用

　　化学分析技术日趋成熟,为购买香料的食品生产商、监管机构及其他利益相关方提供了新的有力工具,以验证香料是否达到监管要求。然而,存在一些明显的"灰色区域"使分析验证的"黑白"事实复杂化。例如,通过产品分析很难确定香精生产过程是否合规:微生物筛查可以验证特定香精是否清洁,但不能证明香精采用 GMP 工艺生产的。更明显的是,还没有分析测试针对宗教信仰设计的香料例如 kosher。然而,分析有时可以揭示有关生产过程的线索,比如说微量的碳氢化合物溶剂(如己烷)可表明在生产过程中采取了萃取工艺。

　　第二个问题是虽然有许多香料分析方法,却很少有官方的香料分析方法。香气分析通常是预浓缩之后进行 GC/MS 分析,但预浓缩方法有很多种。不同的预浓缩步骤对不同的化学组分的收率有影响,还有可能会引入杂质。企业或监管机构采用的少数专有方法,很少能够达到 AOAC 国际方法的重复性和稳定性,导致不同实验室对相同原料进行类似检测,却得出不同的分析结论和解释。很多时候,没有现成的标准可供参考。

9.3　具体监管问题

本节重点讨论一些具体的监管问题,其中化学分析起着重要作用。具体监管需求的验证过程中几乎总是碰到这种状况。有时,监管机构从该角度来确认是否达到监管要求。通常,香料生产商都在筛选自己的原料和成品,确保稳定性。虽然具体问题需要具体分析,但这里旨在通过介绍各种实例提供一个很好的总结。

想要分析化学技术是否符合法规要求,必须了解过程中的三个关键步骤。首先,必须确定分析策略。这可能与选择成熟的分析方法一样简单,也可能与建立需要检测的分析物列表一样复杂。其次,需要保证检测结果准确性。最后,必须完成对结果及相应法规的分析。如后面的例子,其解释步骤非常困难。

9.3.1　违禁物质的检测

分析化学技术在监管问题上最直接的应用可能是检测违禁成分或限量成分。例如香料中重金属含量检测。欧盟关于香料的法规(88/388/EEC)明确限定了香料产品中的铅含量不超过 10 mg/kg。对于定义明确的化学成分,使用合适的仪器通常很容易制定出适用的检测方法。有时也可以使用已经用于其他食品的标准检测方法。对于检测难题,行业组织有时会合作开发出合适的检测方法[22]。

然而,有很多因素会产生检测难题。例如,受监管物质的化学性质不明确。过敏原就是这样的一个很好例子,虽然未在标识上标注的过敏原配料禁止在食品中使用,但是我们必须关注工艺设备或原材料污染导致的过敏原污染。对分析化学家来说,检测"花生含量"并不是一个明确的要求,然而花生有许多不同的副产品,从化学角度看,"花生"究竟是由什么构成的呢?

检测灵敏度是另一个潜在的难题。许多杀虫剂仅被批准用于特定的食品,经批准使用的农药用量在食品中可能有百万分之一(ppm)到十亿分之一(ppb)的残留。如果用灵敏度为 0.1 ppb 的仪器来检测样品,结果显示无污染,则似乎可以肯定没有使用未经批准的农药。但是,如果使用灵敏度更高的方法,检测到 0.002 ppb 的未经批准使用的农药残留时,又如何解释?这种痕量的农残可能是在生长和/或食品生产过程中偶然接触所致,很难确定是否将这纳入监管。

9.3.1.1　重金属(如铅、砷、汞和镉)

食品和香料产品中的重金属含量是限量污染物一个相对简单的例子。有些健康问题与体内重金属积累有关,因此食品中严格限制重金属含量。香料自身或者食品中的重金属都有明确的限量值。此外,重金属检测技术非常成熟[23],对检测结果也很容易解释。

9.3.1.2　农药

虽然杀虫剂、除菌剂、杀螨剂及相关产品可以提高农作物的产量,但是监管法规中给出了明确定义。在全球大部分地区,这些产品使用前必须完成非常详细的政府注册和批准程序。在此过程中,必须确定这些农药在各种农作物上的使用限量和农残检测方法。对于大多数杀虫剂来说,法规和监管机构批准的分析方法就是与杀虫剂登记一起提交的分析方法[24]。如上所述,最困难的监管问题在于痕量农残的解释尤其是对特定"不允许"使用的农药的解释,以及农药限量监管对农副产品的适用性。例如,在美国柑橘中所有水果类农药都有限量[25]。然而对于水果副产品,如,果皮碎片和/或果皮油,该如何解释这些限量呢?

9.3.1.3　环境毒素

某些天然存在的环境毒素——如苹果汁中的棒曲霉素,谷类、香料和坚果中的黄曲霉素——是一个更复杂的例子。长期以来,人们通过食用后的急性症状来鉴定出常见天然毒素(如某些蘑菇中的生物碱)。卫生和/或食品研究人员根据长期健康问题(如致癌性)不断向监管部门提出新毒素或疑似毒素。这些毒素通常含量极低,监管人员在开发可靠的分析方法之前实施监管可能会存在压力,如苹果产品中的棒曲霉素和油炸食品中的丙烯酰胺[26]。

苹果制品中的棒曲霉素检测就是一个例子。棒曲霉素是一种由霉菌自然生成的毒素,霉菌可以在苹果等水果表面生长[27]。棒曲霉素对人体有致癌或致突变毒性[28]。加工受污染的苹果时,这种毒素会污染果汁和果汁副产品。这些产品中的任何一种加入到香料中,都可能引入棒曲霉素。棒曲霉素的限量在 $25\sim50$ ppb[29]。因为棒曲霉素需要预浓缩,并且在常规条件下不稳定,因此高效液相色谱法测定棒曲霉素的方法较复杂。通过行业和其他组织的集中努力,已建立了易被接受的棒曲霉素检测方法[22]。然而,在这些方法建立之前,不同的实验室之间很难获得一致的结果。

9.3.1.4 过敏原检测

对特定食品的过敏反应早已为人所知。为了解决这一安全问题,法规要求标识要标注常见过敏原。然而,在食品或香料产品中检测过敏原含量一直是个难题。我们对引起食品过敏的具体物质的认识也有限。此外,尚未确定食品过敏原在食品中的危险浓度。这两个因素对人体的影响可能因人而异。另一个复杂的监管难题是,含有过敏原的原料所含的其他组分是否同样危险。大豆油脂会引起大豆的过敏反应吗?研究表明大多数食物过敏是由蛋白质引起的。虽然在标识上标注已知的过敏原基本不会涉及经济利益,但是产品加工设备或其他配料的携带造成的意外污染是一个重大隐患。最近,已经开发出检测已知过敏原的特定蛋白的方法,用于快速检测产品和生产设备[30]。遗憾的是这些检测仅适用于少数过敏原,并且没有进行足够的测试来验证它们的有效性。

9.3.2 验证产品是否"天然"或者达到"标准认证"

对于分析化学家来说,一个更具挑战性的问题是验证一种"天然香料"的真实性。在这种情况下通常面临的问题是,是否复杂的化学品混合物只含相关法规所规定的天然配料,并且这些配料是按照许可工艺加工的。

另一个类似的问题是,一种香料是否符合最终特定用途的"标准认证"。例如,在果汁类产品标识中不用标注 FTNF 香料,而 FTNF 香料的配料必须全部来自命名水果。要确定一种复杂的苹果香料是否仅仅来自苹果副产品是一项具有挑战性的任务。

在实践中,几乎都是经济利益驱动造假,检测重点是针对那些天然和合成来源成本有很大差异的成分。例如,"青香"型的香味化合物,如己醛、反式-2-己醛和顺式-3-己醛,经常用于天然水果香料中。在开发出切实可行的生物发酵工艺生产这些"天然"化合物[31]之前,从植物提取物(如薄荷油)中分离出这些香味化合物,通常浓度很低。由于富集和纯化成本很高,导致这些天然化合物每公斤价格高达数千美元。与此同时,从石油化工产品中衍生来的"青香"型香料价格低廉。因此"青香"型香料的天然属性验证是常规验证。

采用的主要策略有三种。第一种策略是,找出天然产品中未发现的化合物作为掺假香料的标志。例如,最近从葡萄柚中鉴定出一种重要硫磺气息化合物 1-对孟烯-8-硫醇,除非在葡萄柚油中加入化学合成的该物质,否则其含量极低。气相色谱/质谱(GC/MS)相对容易检测这种化合物,大量存在的这种葡萄柚硫醇是合成掺假的标志。再如,在薄荷香料中使用合成凉味剂,一些主要的香料公司已经开发出比天然薄荷醇强得多的"凉味剂",例如 Symrise 公司合成的 Frescolat 和 Takasago 公司合成的 Tk-10[32]。这些化合物中有许多不是天然存在的,因此是合成配料的一个明显标记。需要记住的一个复杂问题是,在生产过程中加入的助剂可能会导致某些合成化合物(如正己烷等)以痕量的方式存在。在天然香料的生产中完全认可使用加工助剂。

第二种策略是根据现有的天然产品来源,确定应该或不应该存在的微量化合物。在这种情况下,分析师需要详细了解天然香料配料的来源。如果一种重要的香味成分只能从有限的天然原料中获取,那么掌握这些天然原料的常见化学成分就可以发挥重要作用。例如,一种适合在苹果汁中使用的 FTNF 苹果香料必须完全由苹果配料生产。苹果香气中的一种重要酯类是乙基-2-甲基丁酸酯(E2MB),它是 FTNF 香精的一种关键香气成分。在天然苹果中,E2MB 的含量远远低于其他挥发性酯类。如果在苹果香料中发现这个比例异常偏高,则表明添加了来自苹果源以外的 E2MB。另一个例子是天然香草香精,微量的对羟基苯甲酸和香草酸含量与香兰素的比值,可作为天然香草提取物的指标[33]。

最后一种策略最为复杂,即比较单个分子的物理性质,因为天然和合成来源的分子物理性质不同。一个简单的例子是手性香味成分——具有左旋和右旋几何异构体。通常,天然来源香味分子以一种构型的手性分子为主,而合成来源的分子其两种构型的手性分子含量相当(即"外消旋")。这一点很久以前就在柑橘油中得到了验证,柑橘油主要由右旋(+)-柠檬烯组成。采用传统检验方法测定柑橘油的旋光度就可以验证出是否掺入了较便宜的(-)-柠檬烯。手性分子旋转偏振光的方式因对映体的不同而不同。测量柑橘油的旋光度可以快速预测(+)-柠檬烯的含量。目前,手性色谱柱和气相色谱仪的精密化,可以测定不同构型柠檬烯的比例。同理,通过测量苹果香料中 E2MB 的对映体比例可以确定其来源是天然还是合成的。这种类型的检测还可以区分化合物的不同天然来源。例如,β-蒎烯类化合物的对映体比例随来源的不同而不同,即使近亲植物也是如此。在柑橘类精油中,柠檬油的(+)-β-蒎烯含量为 4%~7%,而柑橘油的(+)-β-蒎烯含量则约为 98%[34]。随着这类仪器的广泛使用,各种天然原料中重要手性化合物的对映体比例也正在不断公布。

根据某些同位素含量的差异也可以区分天然和合成化合物。例如,从植物中提取的天然香味分子,其 ^{14}C 的含量与植物代谢过程中 ^{14}C 的含量有关。^{14}C 的半衰期约为 5 700 年,由于石油的年代久远,因此来自石油副产品的相同分子 ^{14}C 含量要低得多。^{14}C 检测已广泛用于区分天然和合成香料。^{14}C 具有天然放射性,是最早检测的同位素之一,闪烁探测器很容易测定。也可以使用其他同位素,如在某些分子中，^{13}C，^{3}H（氚）或 ^{15}N 均随天然来源的不同而不同[35]。非放射性同位素的检测比较困难，不管是否衍生化，都需要使用高分辨质谱。将高分辨质谱与气相色谱相结合，可以同时在线测定多种香味成分的同位素含量。加速器质谱（AMS）已用于解决这个问题，已有很多相关文献。然而，进行这类检测需要专业仪器和知识，成本昂贵，仅限于少数几个实验室。很少有企业和其他组织可以自己维护这类仪器。通常，这些检测工作外包给专业实验室。

最近，点特异性天然同位素分馏核磁共振技术（SNIF-NMR）[36]利用 NMR 测定给定分子内特定位点同位素比例，它具有更高的灵敏度。例如，乙醇含有两个碳原子，用质谱法测量乙醇的是 ^{13}C 与 ^{12}C 的比值，为乙醇分子中两个碳的平均值。然而，核磁共振可以用来测量特定碳原子上这一比例，比如说与羟基相连的碳原子。这些详细信息可以更加清晰地揭示重要分子的来源。然而，这种技术的仪器成本至少高出一个数量级，需要非常专业的实验室来完成。SNIF-NMR 已应用于香兰素检测[37]。

显然，天然来源检测需要分析人员对污染物和掺假物的种类有充分的了解。此外，不同类型香料面临的问题也不同。监管机构很难掌握这些详细的信息。实际上，这类信息通常仅掌握在专业实验室和香料企业本身。

9.3.3　其他法规执行情况验证

要想确认香料其他种类的法规执行情况（如非转基因或原产国标识），面临许多与上述相同的问题。转基因验证需要测定仅在转基因配料中发现的痕量的特定蛋白质。对于大多数香料配方来说，所有蛋白质仅仅是配方的附带成分，因此检测可能没有效果。原产国检验，只是某些标识理论上的要求，实际上成品中香料使用量很少，几乎不关注原产国。更困难的情况是对香料的有机或 kosher 标准认证。由于不符合这些要求也并不一定会改变香料的化学成分，因此很难通过分析进行验证。人们充其量可以在产品中寻找违禁物质。实际上，验证通常是由审查生产过程的外部组织完成。

综上所述，现在香料生产商在生产和销售其产品时必须符合一系列的法规和规范。这些规范会影响香料的配料、工艺、销售和最终用途。符合这些法规和规范对生产商、竞争对手、监管机构和消费者都很重要。在这一方面，分析化学在香料中起着重要的作用。虽然香料主要由挥发性化学物质组成，适用于气相色谱分析，但需要采用更多的分析技术来解决这些问题，经验丰富的分析化学家也是必不可少的。分析仪器和方法的发展必将推动香料分析在监管方面发挥更大作用。

参 考 文 献

[1] Regulation (EC) No 2232/96 of the European Parliament and of the Council of 28 October 1996 laying down a Community procedure for flavouring substances used or intended for use in or on foodstuffs. OJ L 299, 23. 11. 1996: 1-4. http: //ec. europa. eu/food/food/chemicalsafety/ flavouring/index_en. htm (accessed 31August 2006).

[2] Administration of Food Safety. http: //www. ffcr. or. jp/zaidan/ FFCRHome. nsf (accessed 31 August 2006); Japanese Food Chemical Research Foundation. http: //www. ffcr. or. jp/zaidan/FFCRHome. nsf/ pages/list-desin. add-x (accessed 27 April 2011).

[3] Substances Generally Regarded as Safe (2005) 21 CFR Part 182 with periodic updates published in the journal Food Technology. Most recent update Food Technology, 59, 24.

[4] Health Canada. The Food and Drugs Act. Part B, Division 1 and Division10 [EBOL]. http: //laws-lois. justice. gc. ca/eng/acts/F-27/ (accessed 27 Apr 2011).

[5] Regulation (EC) No 852/2004 of the European Parliament and of the Council of 29 April 2004 on the hygiene of foodstuffs. CS. ES Chapter 13, 34: 319-337.

[6] Codex Alimentarius Commission. Recommended International Code of Practice General Principles of Food Hygene. CAC/RCP 1-1969, Rev. 4.

[7] Codex Alimentarius Commission. General Standard for Food Additives. CAC/STAN 192-1995, Rev. 6.

[8] Food and Drug Administration. Federal Food, Drug, and Cosmetic Act. http: //www. fda. gov/opacom/laws/fdcact/fdctoc. htm (accessed 31 August 2006).

[9] Current Good Manufacturing Practice in Manufacturing, Packing, or Holding Human Food. 21 CFR Part 110. Revised 2010.

[10] Food Standards Australia and New Zealand (FSANZ) (2002) User Guide

to Flavorings and Flavor Enhancers. http：//www. foodstandards. gov. au/thecode/assistanceforindustry/userguides/index. cfm （accessed 31 August 2006）.

[11] Council Directive 88/388/EEC of 22 June 1988 on the approximation of the laws of the Member States relating to flavourings for use in foodstuffs and to source materials for their production. OJ L 184，15. 7. 1988： 61-66.

[12] Japanese Food Chemical Research Foundation. List of Plant or Animal Sources of Natural Flavorings. http：//www. ffcr. or. jp/zaidan/ FFCRHome. nsf/pages/listnat. flavors (accessed 27 Apr 2011).

[13] Codex Alimentarius Commission. General Requirements for Natural Flavourings. CAC/GL 29-1987.

[14] Food Labelling Foods：Labelling of Spices，Flavorings，Colorings and Chemical Preservatives. 21 CFR Part 101. 22. Revised 2010.

[15] Drawback on Taxpaid Distilled Spirits Used in Manufacturing Nonbeverage Products. 27 CFR Part 17 （1996） Alcohol and Tobacco Trade and Tax Bureau. Industry Circulars and Rulings for Manufacturers Non-Beverage Products. http：//www. ttb. gov/industrial/mnbp. shtml (accessed 31 August 2006).

[16] Health Canada. The Food and Drugs Act. Part B，Division 2. http：// lawslois. justice. gc. ca/eng/acts/F-27 (accessed 27 Apr 2011).

[17] Distilled Spirits-Standards of Identity，27 CFR Part 5. 22. Wines-Standards ofIdentity. 27 CFR Part 4. 21. Use of Ingredients Containing Alcohol in Malt Beverages；Processing of Malt Beverages. 27 CFR Part 7. 11.

[18] Council Directive 2001/112/EC of 20December 2001 relating to fruit juices and certain similar products intended for human consumption. OJ L 10，12. 1. 2002：58-66.

[19] Canned Fruit Juices. 21 CFR Part 146.

[20] Health Canada. The Food and Drugs Act. Part B，Division 10. http：// lawslois. justice. gc. ca/eng/acts/F-27 (accessed 27 Apr 2011).

[21] Food Dressings and Flavorings. 21 CFR Part 169.

[22] AOAC Official Method 995. 10. Patulin in Apple Juice. J. AOAC，

79，451.

[23] US Pharmacopeia. Food Chemical Codex ［M］. 5th ed. National Academies Press，2003.

[24] US Environmental Protection Agency. Residue Analytical Methods. http：//www. epa. gov/pesticides/science/index. htm（accessed 31 August 2006）.

[25] Tolerances and Exemptions from Tolerances for Pesticide Chemicals in Food. 40CFR Part 180.

[26] US Food and Drug Administration. （2004）FDA Action Plan for Acrylamide in Food. http：//www. fda. gov/Food/FoodSafety/ FoodContaminantsAdulteration/ChemicalContaminants/Acrylamide/ ucm053519. htm（accessed 27 Apr 2011）.

[27] Harrison M A. Presence and Stability of Patulin in Apple Products：A Review［J］.J. Food Safety，1989，9：147-153.

[28] IARC. Patulin. IARC Monog. Eval. Carcinog. Risk Chem. Humans， 40，8398；and WHO（1990）Patulin. WHO Food Addit. Ser. ，1986，26： 143-165.

[29] US Food and Drug Administration. Patulin in Apple Juice，Apple Juice Concentrates and Apple Juice Products［J］. Fed. Register，2000，65： 37791-37792.

[30] Health Canada. Allergen Detection Methods：the Compendium of Food Allergen Methodologies. http：//www. hc-sc. gc. ca/fn-an/res-rech/ analy-meth/allergen/index_eng. php（accessed 27 Apr 2011）.

[31] Fabre C，Goma G. A Review of the Production of Green Notes［J］. Perfumer and Flavorist，1999，24：1.

[32] Erman M. Progress in Physiological Cooling Agents［J］. Perfumer and Flavorist，2004，29：34.

[33] IOFI. Information Letter 1271 — Authenticity of Natural Vanilla Products. 2000.

[34] Dugo G，et al. Enantiomeric Distribution of Volatile Components of Citrus Oilsby MDGC［J］. Perfumer and Flavorist，2001，26：20.

[35] Schmidt C O，et al. Stable Isotope Analysis of Flavor Compounds［J］. Perfumer and Flavorist，2001，26：3.

[36] Site-Specific Natural Isotope Fractionation-Nuclear Magnetic Resonance. Trademark of Eurofins Laboratories，Nantes，France. Eurfins. SNIF-NMR：A Unique Method to Prove Authentic Origin. http：//www. eurofins. com/food-testing/food-analyses/snif-nmr/en （ accessed 31 August 2006）.

[37] Tenailleau E J，Lancelin P，Robins R J，et al. Authentication of the Origin of Vanillin Using Quantitative Natural Abundance 13C NMR[J]. J. Ag. Food Chem. ，2004，52：7782-7787.

附　录

中华人民共和国国家标准

GB/T 21171—2018
代替 GB/T 21171—2007

香 料 香 精 术 语

Technical terms of fragrances and flavors

(ISO 9235:2013,Aromatic natural raw materials—Vocabulary,MOD)

2018-05-14 发布　　　　　　　　　　　　　　　　　　2018-12-01 实施

国家市场监督管理总局
中国国家标准化管理委员会　发 布

前　言

本标准按照 GB/T 1.1—2009 给出的规则起草。

本标准代替 GB/T 21171—2007《香料香精术语》。与 GB/T 21171—2007 相比,主要技术变化如下:

——删除了 15 个术语及其定义,即:半合成香料(见 2007 版的 2.5.1)、全合成香料(见 2007 版的 2.5.2)、日用香精成分(见 2007 版的 3.1.1)、日用香精溶剂(见 2007 版的 3.1.2.1)、日用香精载体(见 2007 版的 3.1.2.2)、香味物质(见 2007 版的 3.2.1)、天然等同香味物质(见 2007 版的 3.2.1.2)、人造香味物质(见 2007 版的 3.2.1.3)、香味增效剂(见 2007 版的 3.2.2)、食用香精辅料(见 2007 版的 3.2.4)、人造食用香精(见 2007 版的 3.3.5)、重组×××食用香精(见 2007 版的 3.3.6)、强化食用香精(见 2007 版的 3.3.7)、咸味食用香精(见 2007 版的 3.3.9)、其他香精(见 2007 版的 3.5);

——修改了 2 个术语,即:天然渗出的油树脂(见 2.2.1,2007 版的 2.1.2.1)、冷压精油(见 3.2.2.1.2,2007 版的 2.3.1.2);

——修改了 9 个术语的英文对应词,即:果汁精油(见 3.2.2.1.3,2007 版的 2.3.1.3)、芳香水(见 3.2.2.7,2007 版的 2.3.7)、饲料用香精(见 4.3.2,2007 版的 3.3.2)、接触口腔和嘴唇用香精(见 4.3.3,2007 版的 3.3.3)、液体香精(见 4.5,2007 版的 3.6)、油溶性液体香精(见 4.5.1,2007 版的 3.6.1)、水溶性液体香精(见 4.5.2,2007 版的 3.6.2)、乳化香精(见 4.7,2007 版的 3.7)、浆膏状香精(见 4.8,2007 版的 3.9);

——修改了 13 个术语及其定义,即:干馏精油(见 3.2.2.1.4,2007 版的 2.3.3.5)、除单萜精油(见 3.2.2.3.1,2007 版的 2.3.3.1)、萜(见 3.2.2.8,2007 版的 2.3.8)、酊剂和浸剂(见 3.2.3.2,2007 版的 2.4.1)、提取的油树脂(见 3.2.3.7,2007 版的 2.4.2.5)、天然食用香味物质(见 3.2.4,2007 版的 3.2.1.1)、天然食用香味复合物(见 3.2.5,2007 版的 3.2.3)、食品用热加工香味料(见 3.5,2007 版的 3.3.8)、烟熏食用香味料(见 3.6,2007 版的 3.3.10)、天然食品用香精(见 4.3.4,2007 版的 3.3.4)、固体香精(见 4.6,2007 版的 3.8)、拌和型固体香精(见 4.6.1,2007 版的 3.8.1)、胶囊型固体香精(见 4.6.2,2007 版的 3.8.2);

——修改了 12 个术语的英文对应词和定义,即:辛香料(见 2.3,2007 版的 5.1)、香料(见 3.1,2007 版的 2)、天然香料(见 3.2,2007 版的 2.1)、除单萜和倍半萜精油(见 3.2.2.3.2,2007 版的 2.3.3.2)、浓缩精油(见 3.2.2.3.4,2007 版的 2.3.3.4)、超临界流体提取物(见 3.2.3.9,2007 版的 2.4.2.7)、合成香料(见 3.3,2007 版的 2.5)、香精(见 4.1,2007 版的 3)、日用香精(见 4.2,2007 版的 3.1)、食用香精(见 4.3,2007 版的 3.2)、食品用香精(见 4.3.1,2007 版的 3.3.1)、烟用香精(见 4.4,2007 版的 3.4);

——重新定义了 16 个术语,即:天然原料(见 2.1,2007 版的 2.1.1)、渗出物(见 2.2,2007 版的 2.1.2)、树脂(见 3.2.1.1,2007 版的 2.2.1)、精油(见 3.2.2.1,2007 版的 2.3.1)、水蒸气蒸馏精油(见 3.2.2.1.1,2007 版的 2.3.1.1)、精馏精油(见 3.2.2.2.1,2007 版的 2.3.2.1)、挥发性浓缩物(见 3.2.2.4,2007 版的 2.3.4)、提取物(见 3.2.3.1,2007 版的 2.4.2)、浸膏(见 3.2.3.3,2007 版的 2.4.2.1)、香树脂(见 3.2.3.5,2007 版的 2.4.2.3)、净油(见 3.2.3.6,2007 版的 2.4.2.4)、未浓缩提取物(见 3.2.3.8,2007 版的 2.4.2.6)、非酶褐变产物(见 3.4,2007 版的 3.2.5)、定香剂(见 5.10,2007 版的 4.8)、谐香(见 5.11,2007 版的 4.9)、香气类别(见 5.12,2007 版的 5.2);

——增加了 8 个术语及其定义,即:后处理精油(见 3.2.2.2.2)、食用香料(见 3.7)、日用香料(见

3.8)、加香香精(见 4.4.1)、加料香精(见 4.4.2)、香精辅料(见 4.9)、气味(见 5.1)、香味(见 5.2)。

本标准使用重新起草法修改采用 ISO 9235:2013《芳香天然原料　词汇》。

本标准与 ISO 9235:2013 相比存在如下技术性差异：

——修改了 3 个术语的定义，即浓缩精油(见 3.2.2.3.4,ISO 9235:2013 的 2.6)、萜(见 3.2.2.8,ISO 9235:2013 的 2.30)、挥发性浓缩物(见 3.2.2.4,ISO 9235:2013 的 3.32),以适应中文的表述习惯；

——增加了 42 个术语及其定义，即：辛香料(见 2.3)、香料(见 3.1)、天然香料(见 3.2)、天然食用香味物质(见 3.2.4)、天然食用香味复合物(见 3.2.5)、合成香料(见 3.3)、非酶褐变产物(见 3.4)、食品用热加工香味料(见 3.5)、烟熏食用香味料(见 3.6)、食用香料(见 3.7)日用香料(见 3.8)、香精(见 4.1)、日用香精(见 4.2)、食用香精(见 4.3)、食品用香精(见 4.3.1)、饲料用香精(见 4.3.2)、接触口腔和嘴唇用香精(见 4.3.3)、天然食品用香精(见 4.3.4)、烟用香精(见 4.4)、加香香精(见 4.4.1)、加料香精(见 4.4.2)、液体香精(见 4.5)、油溶性液体香精(见 4.5.1)、水溶性液体香精(见 4.5.2)、固体香精(见 4.6)、拌和型固体香精(见 4.6.1)、胶囊型固体香精(见 4.6.2)、乳化香精(见 4.7)、浆膏状香精(见 4.8)、香精辅料(见 4.9)、气味(见 5.1)、香味(见 5.2)、评香(见 5.3)、评味(见 5.4)、阈值(见 5.5)、头香(见 5.6)、体香(见 5.7)、基香(见 5.8)、香基(见 5.9)、定香剂(见 5.10)、谐香(见 5.11)、香气类别(见 5.12),以满足日常工作交流的需要。

本标准由中国轻工业联合会提出。

本标准由全国香料香精化妆品标准化技术委员会(SAC/TC 257)归口。

本标准起草单位：上海香料研究所、国际香料(中国)有限公司、济南华鲁食品有限公司、山东天博食品配料有限公司、广东铭康香精香料有限公司、浙江绿晶香精有限公司。

本标准主要起草人：金其璋、曹怡、刘钦宣、刘克胜、李秉业、何洛强、张之涤、肖作兵。

本标准于 2007 年 10 月首次发布,本次为第一次修订。

香 料 香 精 术 语

1　范围

本标准界定了天然原料、香料、香精和调香的术语。
本标准适用于规范香料香精行业用语。

2　天然原料术语

2.1

天然原料　natural raw material

来自植物、动物或微生物的原料，包括从这类原料经物理方法、酶法、微生物法加工或传统的制备工艺（例如提取、蒸馏、加热、焙烤、发酵）所得的产物。

注：对活性的其他方面可有补充要求。

2.2

渗出物　exudate

由植物分泌出的**天然原料**(2.1)。

2.2.1

天然渗出的油树脂　oleoresin

主要由挥发物和树脂状物质组成的**渗出物**(2.2)。

注1：例如松脂(pine oleoresin)，古芸脂(gurjum)。

注2：天然渗出的油树脂不同于**提取的油树脂**(3.2.3.7)。

2.2.1.1

香膏　balsam

天然渗出的油树脂(2.2.1)之一种。其特征是存在苯甲酸和（或）肉桂酸衍生物。

注：例如秘鲁香膏(Peru balsam)，吐鲁香膏(Tolu balsam)，安息香(benzoin)，苏合香(styrax)。

2.2.2

树胶　gum

主要由多糖组成的**渗出物**(2.2)。

2.2.3

胶性树脂　gum resin

主要由树脂状物质和树胶组成的**渗出物**(2.2)。

注：例如紫(虫)胶(shellac gum)。

2.2.4

胶性油树脂　gum oleoresin

主要由树脂状物质、**树胶**(2.2.2)和一定数量的挥发物组成的**渗出物**(2.2)。

注：例如没药(myrrh)、乳香(olibanum)、防风(opoponax)、格蓬(galbanum)。

2.3

辛香料　spice；aromatic herb

具有芳香和（或）辛辣味的植物性调味赋香原料。

注1：这类物质多为植物的全草、叶、根、茎、树皮、果、籽、花等，加于食品中以增加香气、香味。

注2：例如胡椒、肉桂皮、姜、辣椒、芫荽、罗勒、百里香等。

3　香料术语

3.1

香料　fragrance and flavor ingredient；fragrance and flavor material

具有香气和(或)香味的材料。

注1：一般为天然香料[包括天然原料的衍生产品(树脂状材料、挥发性产品、提取产品)]和合成香料的总称。

注2：按用途可分为日用和食用两大类。

3.2

天然香料　natural fragrance and flavor ingredient；natural fragrance and flavor material

以植物、动物或微生物为原料,经物理方法、酶法、微生物法或经传统的食品工艺法加工所得的香料。

3.2.1

天然原料的衍生产品：树脂状材料

3.2.1.1

树脂　resin

从天然渗出的油树脂(2.2.1)尽可能完全除去挥发性组分后得到的产物。

3.2.2

天然原料的衍生产品：挥发性产品

3.2.2.1

精油　essential oil

从植物来源的天然原料(2.1)经下列任何一种方法所得的产物：

——水蒸气蒸馏；

——柑橘类水果的外果皮经机械法加工；

——干馏。

用物理方法分去水相后得到。

注1：精油可经物理处理(例如过滤、倾析、离心分离),不会明显改变其组成。

注2：ISO/TC 54第27次会议(2010年)决定,所有精油名称中都得有"精"字。如过去称香茅油,现在称香茅精油。

3.2.2.1.1

水蒸气蒸馏精油　essential oil obtained by steam distillation

用水蒸气蒸馏法得的精油(3.2.2.1),蒸馏中加水的称为水蒸馏(hydrodistillation),蒸馏中不加水的称为直接水蒸气蒸馏。

注：例如鸢尾草精油。

3.2.2.1.2

冷压精油　cold-pressed essential oil

冷榨精油

冷磨精油

从柑橘类水果的外果皮经室温下机械加工法所得的精油(3.2.2.1)。

3.2.2.1.3

果汁精油　essential oil of fruit juice

从果汁浓缩加工或超高温瞬时灭菌(UHT)处理中所得的精油(3.2.2.1)。

注：将水和油分开得到芳香油相和稀水相,此水相中含有水溶性芳香成分。

3.2.2.1.4

干馏精油　dry-distilled essential oil

不加水或水蒸气,蒸馏木材、树皮、根或树胶所得的**精油**(3.2.2.1)。

注：例如桦焦精油(birch tar essential oil)。

3.2.2.2

组成没有明显改变的精油

3.2.2.2.1

精馏精油　rectified essential oil

为了改变某些组分的含量和(或)颜色而经过分馏的**精油**(3.2.2.1)。

注：例如精馏薄荷类精油(rectified mint essential oil)。

3.2.2.2.2

后处理精油　post-treated essential oil

经过后处理的产物。

注：这类产物被指定为"在名字前冠以特殊处理类型的精油",例如脱色精油、洗涤过的精油、除铁精油。

3.2.2.3

组成明显改变的精油

3.2.2.3.1

除单萜精油　terpeneless essential oil

主要含单萜烃的某些馏段被部分除去的**精馏精油**(3.2.2.2.1)。

3.2.2.3.2

除单萜和倍半萜精油　"terpeneless and sesquiterpeneless" essential oil

主要含有单萜烃和倍半萜烃的某些馏段被部分除去的**精馏精油**(3.2.2.2.1)。

3.2.2.3.3

除 X 精油　"X-less" essential oil

X 成分已被部分或完全除去的**精油**(3.2.2.1)。

注：例如不含呋喃并香豆素的香柠檬精油(essential oil of bergamot);薄荷脑(menthol)含量已被部分降低的亚洲薄
荷精油(essential oil of Mentha arvensis)。

3.2.2.3.4

浓缩精油　concentrated essential oil;folded oil

经物理方法处理使一种或多种目标成分经过浓缩的**精油**(3.2.2.1)。

3.2.2.4

挥发性浓缩物　volatile concentrate

从果汁、蔬菜汁或植物的水质浸剂挥发出的水中回收得到的溶于水的**浓缩挥发**物质。

注：例如橙汁挥发性浓缩物、甘草挥发性浓缩物、咖啡挥发性浓缩物。

3.2.2.5

馏出液　distillate

一种**天然原料**(2.1)经蒸馏后所得的冷凝产物。

3.2.2.6

乙醇化馏出液　alcoholate

一种**天然原料**(2.1)在可变浓度的乙醇存在下经蒸馏所得的**馏出液**(3.2.2.5)。

3.2.2.7

芳香水　aromatic water;hydrolate

水蒸气蒸馏后已分去精油(3.2.2.1)的水质**馏出液**(3.2.2.5)。

注1：例如薰衣草水[lavender hydrolate（water）]、橙花水（orange blossom water）。

注2：花香水或一种"植物名"水是芳香水。

注3：芳香水可经物理处理（例如过滤、倾析、离心分离），不会明显改变其组成。

3.2.2.8

萜　terpenes

萜类

主要由萜烃构成的产物，自精油（3.2.2.1）经蒸馏、浓缩，或其他分离技术得到的副产物。

3.2.3

天然原料的衍生产品：提取产品

3.2.3.1

提取物　extract

一种**天然原料**（2.1）经一种或多种溶剂处理所得的产品。

注1：例如咖啡提取物、茶提取物。

注2：所得溶液可经冷却和过滤。

注3："提取物"是个普通术语。

注4：一种或多种溶剂随后被全部或部分地除去。

3.2.3.2

酊剂和漫剂　tincture and infusion

一种**天然原料**（2.1）在可变浓度的乙醇存在下经浸渍所得的溶液或用水浸渍所得的溶液。

注：例如安息香酊剂（tincture of benzoin）、灰琥珀酊剂（tincture of grey amber）、香荚兰（豆）浸剂（vanilla infusion）。

3.2.3.3

浸膏　concrete

一种**新鲜**的**天然原料**（2.1）经用一种或多种溶剂提取所得的**提取物**（3.2.3.1）。

注：一种或多种溶剂随后被全部或部分地除去。

3.2.3.4

花香脂　pomade

一种有特征**香气**的脂肪，由花朵经"冷吸"（coldenfleurage）（花朵的香气成**分扩**散进入脂肪）或"热吸"（Hot enfleurage）（花朵浸渍于熔化的脂肪中）而得。

3.2.3.5

香树脂　resinoid

一种干燥的植物天然原料经用一种或多种溶剂提取所得的**提取物**（3.2.3.1）。

注1：例如安息香香树脂（benzoin resinoid）、榄香香树脂（elemi resinoid）。

注2：一种或多种溶剂随后被全部或部分地除去。

3.2.3.6

净油　absolute

浸膏（3.2.3.3）、**花香脂**（3.2.3.4）、**香树脂**（3.2.3.5）或超临界流体提取物（3.2.3.9）用乙醇提取后所得的产物。

注：通常乙醇溶液经冷却和过滤以除去蜡质，随后用蒸馏法除去乙醇。

3.2.3.7

提取的油树脂　extracted oleoresin

辛香料（2.3）的**提取物**（3.2.3.1）。

注：例如胡椒油树脂（pepper oleoresin）、姜油树脂（ginger oleoresin）。

3.2.3.8

未浓缩提取物　non-concentrated extract；single-fold extract

一种**天然原料**（2.1）用一种或多种不必除去的溶剂处理后所得到的产物。

注：例如阿魏（asafoetida）的花生油提取物。

3.2.3.9

超临界流体提取物　supercritical fluid extract

一种天然原料(2.1)用一种超临界流体处理然后经膨胀分离所得的提取物。

注1：例如咖啡 CO_2 提取物、胡椒 CO_2 提取物。

注2：得到的提取物可经物理处理(例如过滤、倾析、离心分离)，不会明显改变其组成。

3.2.4

天然食用香味物质　natural flavoring substance

经适当的物理法、微生物法或酶法从食物或动植物材料(未经加工或经过食品制备过程加工)中获得的化学结构明确的具有香味性质的物质。

注1：通常它们不直接用于消费，但在其应用浓度上适合人类消费。

注2：含有 NH_4^+，Na^+，K^+，Ca^{2+}，Fe^{3+} 阳离子或 Cl^-，SO_4^{2-}，CO_3^{2-} 阴离子的天然食用香味物质的盐类通常被划为天然食用香味物质。

3.2.5

天然食用香味复合物　natural flavoring complex

经物理方法(例如蒸馏和溶剂提取)、酶法或微生物法从动植物原料中得到的含有**天然食用香味物质**(3.2.4)的制剂(即非单一化合物，而是混合物)。

注1：这些动植物原料可以是未经加工的，或经过了适合人类消费的传统食品制备工艺(例如干燥、焙烤和发酵)加工的。

注2：天然食用香味复合物包括精油、果汁精油、提取物、蛋白水解物、馏出物或任何经焙烤、加热或酶解的产物。

3.3

合成香料　synthetic fragrance and flavor substance；synthetic aroma chemical

通过化学合成方式形成的化学结构明确的具有香气和(或)香味特性的物质。

3.4

非酶褐变产物　Maillard reaction products；non-enzyme browning reaction products

含羰基的化合物(如还原糖等)与含氨基的化合物(如氨基酸、肽等)在一定条件(特定的温度和时间)下反应所得的产物。

3.5

食品用热加工香味料　thermal process flavorings

为其香味特性而制备的一种产品或混合物。它是以食材或食材组分经过类似于烹调的食品制备工艺制得的产品。食品用热加工香味料中必定含有**非酶褐变产物**(3.4)。

3.6

烟熏食用香味料　smoke flavorings

烟成分的复杂混合物。未经处理的木材及类似物(例如山楂果核)在有限的控制量的空气存在下经过裂解、干馏或过热水蒸气作用得到木烟，使木烟进入水质提取体系或经蒸馏、浓缩和分离以收集水相。

注：烟熏食用香味料的主要香味成分是羧酸类、羰基化合物类和酚类化合物。

3.7

食用香料　flavor ingredient；flavor material

添加到食品、饲料等产品中以产生香味、修饰香味或提高香味的物质。

注：食用香料包括**天然食用香味物质**(3.2.4)、**天然食用香味复合物**(3.2.5)、**食品用热加工香味料**(3.5)、**烟熏食用香味料**(3.6)、食用合成香料。

3.8

日用香料　fragrance ingredient

日用香精中任何能发挥其气味或掩盖恶臭作用的香气物质的基本材料。

4　香精术语

4.1

香精　**fragrance compound and flavorings；fragrance and compounded flavor**

由**香料**(3.1)和(或)**香精辅料**(4.9)调配而成的具有特定香气和(或)香味的复杂混合物。

注：一般不直接消费，而是用于加香产品后被消费。

4.2

日用香精　**fragrance compound；fragrance**

由**日用香料**(3.8)和**香精辅料**(4.9)按一定配方调制而成的混合物。

4.3

食用香精　**flavorings；compounded flavor**

加到食品、饲料及食品相关产品中以赋予(impart)、修饰改变(modify)或提高(enhance)加香产品香味的产品。

注：不包括只有甜味、酸味或咸味的物质，也不包括香味增效剂。

4.3.1

食品用香精　**food flavorings**

由**食品用香料**和(或)**食品用热加工香味料**(3.5)与食品用香精辅料组成的用来起香味作用的浓缩调配混合物(只产生咸味、甜味或酸味的配制品除外)。

注1：含有或不含有食品用香精辅料。

注2：通常不直接用于消费，而是用于食品加工。

4.3.2

饲料用香精　**feed flavorings**

专门用于各类动物饲料加香的**食用香精**(4.3)。

4.3.3

接触口腔和嘴唇用香精　**flavorings contacted with oral cavity and lips**

专门用于接触或有可能接触口腔和嘴唇制品加香的**食用香精**(4.3)。

注：例如牙膏用香精，漱口水用香精，唇膏用香精等。

4.3.4

天然食品用香精　**natural food flavorings**

食品用香精(4.3.1)的发香部分(aromatic part)只含有**天然食用香味物质**(3.2.4)和(或)**天然食用香味复合物**(3.2.5)，和(或)具有香味特征的天然食品配料，其香精辅料必须是食品配料(含食品添加剂)。

4.4

烟用香精　**tobacco flavorings**

用两种或两种以上香料、适量溶剂和其他成分调配而成的，在烟草制品的加工过程中起增强或修饰烟草制品风格或改善烟草制品品质的混合物。

注：根据其施加工艺与作用的不同可分为**加香香精**(4.4.1)与**加料香精**(4.4.2)。

4.4.1

加香香精　**top dressing flavorings**

表香

在烟草制品加香工艺中添加的烟用香精，用于经工艺处理和烘干后的烟丝中，以增进卷烟的嗅香和抽吸时的特征香气。

4.4.2

加料香精　casing flavorings

料液

在烟草制品加料工艺中添加的烟用香精,具有改进烟草吃味、增加韧性、提高保润性、改善燃烧性和减少碎损等作用。

4.5

液体香精　liquid fragrance compound and flavorings

以液体形态出现的各类香精。

4.5.1

油溶性液体香精　oil-soluble liquid fragrance compound and flavorings

以油类或油溶性物质为溶剂的**液体香精**(4.5)。

4.5.2

水溶性液体香精　water-soluble liquid fragrance compound and flavorings

以水或水溶性物质为溶剂的**液体香精**(4.5)。

4.6

固体香精　solid fragrance compound and flavorings

以固体(含粉末)形态出现的各类香精(4.1)。

4.6.1

拌和型固体香精　blended solid fragrance compound and flavorings

香气和(或)**香味**(5.2)成分与固体(含粉末)载体拌合在一起的**香精**(4.1)。

4.6.2

胶囊型固体香精　encapsulated fragrance compound and flavorings

香气和(或)**香味**(5.2)成分以芯材的形式被包裹于固体壁材之内的颗粒型**香精**(4.1)。

4.7

乳化香精　emulsified fragrance compound and flavorings

以乳浊液形态出现的各类**香精**(4.1)。

4.8

浆膏状香精　paste fragrance compound and flavorings

以浆膏状形态出现的各类**香精**(4.1)。

4.9

香精辅料　adjuncts for fragrance compound and flavorings

为发挥香精(4.1)作用和(或)提高其稳定性所必需的任何基础物质(例如抗氧剂、防腐剂、稀释剂、溶剂等)。

5　调香术语

5.1

气味　odor

通过人们的嗅觉器官感觉到的气息的总称。

5.2

香味　flavor

风味

对进入口中的任何材料各种特征的感觉总和。

注：这些特征主要被嗅觉和味觉器官感知，也包括一般痛觉和质地感受器的感受，然后由大脑解释。

5.3

评香 evaluation of odor

人们利用本身的嗅觉器官对**香料**(3.1)、**香精**(4.1)或加香产品的香气质量进行的感官评价。

5.4

评味 evaluation of taste

人们利用本身的味觉器官对**食用香料**(3.7)、**食用香精**(4.3)或加香产品的口味质量进行的感官评价。

5.5

阈值 threshold

某一**香料**(3.1)在一定介质中能被人们感官器官感知的最低浓度。

注：同一香料在不同介质中有不同的阈值，它可以分为嗅觉阈值和味觉阈值。

5.6

头香 top note；head note；outgoing note

顶香

对**香料**(3.1)或**香精**(4.1)嗅辨中最初片刻时的香气印象。

注1：头香是人们首先能嗅到的香气特征，持续时间一般只有几分钟。

注2：头香一般由香气扩散力强、沸点低的香料所产生。

注3：仅适用于日用香料香精。

5.7

体香 middle note；medium note

中段香

香料(3.1)或**香精**(4.1)的主体香气。

注1：**体香**(5.7)是**头香**(5.6)之后立即被嗅觉感到的香气，而且在相当长的时间内（一般为4 h或更长）保持稳定或一致。

注2：仅适用于日用香料香精。

5.8

基香 lower note；low note；base note；body note；back note；depth note；dry-away

尾香

底香

香料(3.1)或**香精**(4.1)的**头香**(5.6)和**体香**(5.7)挥发过后留下来的最后香气。

注1：其香气基本上由**定香剂**(5.10)提供。

注2：仅适用于日用香料香精。

5.9

香基 base

香精基

由多种**香料**(3.1)组合而成的**香精**(4.1)的主剂。

注1：香基具有一定的香气特征或代表某种香型。

注2：香基一般不在加香产品中直接使用，而是作为香精的一种原料来使用，是一种不完善的香精。

5.10

定香剂 fixer；fixative

能减缓香料挥发速度，延长**日用香精**(4.2)香气保留时间的**日用香料**(3.8)。

注：定香剂大多是含有**树胶**(2.2.2)、**树脂**(3.2.1.1)、**香膏**(2.2.1.1)或低挥发**精油**(3.2.2.1)的植物材料或高沸点的**合成香料**(3.3)。

5.11

谐香　accord

在日用调香中两种或多种不同香气调和在一起而产生的一种新香气。

注：类似于调色中黄、蓝两种色调调和在一起产生绿色。

5.12

香气类别　fragrance classes

某一种日用香精(4.2)的香气特征。

索　引

汉语拼音索引

英文对应词索引

中华人民共和国国家标准

GB/T 14454.1—2008
代替 GB/T 14454.1—1993

香料　试样制备

Fragrance/Flavor substances—Preparation of test samples

(ISO 356：1996，Essential oils—Preparation of test samples，MOD)

2008-07-15 发布　　　　　　　　　　　　　　　　　2008-12-01 实施

中华人民共和国国家质量监督检验检疫总局
中国国家标准化管理委员会　发 布

前　言

GB/T 14454《香料通用试验方法》由下列部分组成:
——第 1 部分:香料　试样制备;
——第 2 部分:香料　香气评定法;
——第 4 部分:香料　折光指数的测定;
——第 5 部分:香料　旋光度的测定;
——第 6 部分:香料　蒸发后残留物含量的评估;
——第 7 部分:香料　冻点的测定;
——第 11 部分:香料　含酚量的测定;
——第 12 部分:香料　微量氯测定法;
——第 13 部分:香料　羰值和羰基化合物含量的测定;
——第 14 部分:香料　标准溶液、试液和指示液的制备;
——第 15 部分:黄樟油　黄樟素和异黄樟素含量的测定　填充柱气相色谱法。

本部分为 GB/T 14454 的第 1 部分。

本部分修改采用 ISO 356:1996《精油　试样制备》。本部分与 ISO 356:1996 相比,主要是增加了单离及合成香料试样的制备。

本部分是对 GB/T 14454.1—1993《香料　试样制备》的修订。本部分与 GB/T 14454.1—1993 相比,主要变化如下:

——修改了第 1 章范围;
——删除了 GB/T 14454.1—1993 的第 2 章引用标准和 4.2.4 用折光仪测定折光指数的内容。

本标准由中国轻工业联合会提出。

本标准由全国香料香精化妆品标准化技术委员会归口。

本标准由上海香料研究所负责起草。

本标准主要起草人:曹怡、金其璋、徐易。

本部分所代替标准的历次版本发布情况为:

——GB/T 14454.1—1993。

香料 试样制备

1 范围

GB/T 14454 的本部分规定了对供实验室分析用的香料试样的制备原理、仪器、试剂和操作程序。
本部分适用于精油、单离及合成香料试样的制备。

本部分特别适用于不可直接进行分析的香料,这就是那些在室温下为固体或半固体的香料或那些由于含水或悬浮颗粒而混浊的香料。

本部分不适用于进行水分测定的试样。

2 原理

将硫酸镁或硫酸钠加入在室温为液体或需加热至适当温度后呈液状的香料,然后进行过滤,去除样品中水分和不溶物质。

3 仪器

实验室常用仪器,特别是下列仪器:

3.1 烘箱。

3.2 锥形瓶。

3.3 合适的过滤装置。

4 试剂

4.1 所用试剂均为分析纯试剂。

4.2 新干燥、中性的硫酸镁或新干燥的硫酸钠:硫酸镁或硫酸钠在 180 ℃~200 ℃(自连续搅拌的材料中读取温度)加热,干燥到恒重(干燥时应连续搅拌)。研磨成粉,保存在密封的干燥瓶内。

5 操作程序

5.1 精油试样的制备

5.1.1 在室温下呈固体或半固体的精油

将精油置于烘箱(3.1)中液化。烘箱的温度控制在能使精油在 10 min 内液化的最低温度。该温度通常比该精油预计的凝固点高约 10 ℃。操作过程中,特别是含醛类的精油,应避免空气进入盛有精油的容器。要做到这点,可把塞子松开一些,但不要取下。将液状的精油倒入预先在上述温度的烘箱内加热的干燥锥形瓶(3.2)中,装入量不超过锥形瓶容量的三分之二。

在以下所有操作中,保持精油在呈液状的最低温度。

5.1.2 在室温下呈液体的精油

在室温下将精油倒入干燥的锥形瓶(3.2)中,装入量不超过锥形瓶容量的三分之二。

5.1.3 精油的处理

加脱水剂[硫酸镁或硫酸钠(4.2)]于装有试样 5.1.1 或 5.1.2 的锥形瓶中,加入脱水剂的量约为精油质量的 15%。至少在 2 h 内不时地强力摇动锥形瓶。过滤试样。

为了检查脱水剂的作用,再加入约 5% 的硫酸镁或硫酸钠。

2 h 后过滤。精油应清澈透明。

在 5.1.1 的情况下,可在控制适当温度(见 5.1.1)的烘箱内进行过滤。但不要使精油在烘箱内放置超过适当的时间。

　　注 1：操作完成后，即应进行分析。否则，过滤后的精油应保存在预先干燥的容器内，置于阴凉处，避开强光。试样
　　　　　应装满容器并塞紧瓶塞。

　　注 2：某些情况下，在有关香料的产品标准中规定要用柠檬酸或酒石酸与精油一起搅动，以除去使精油变色的苯酚
　　　　　金属盐。

5.2　单离及合成香料试样的制备

5.2.1　一般只需过滤除去不溶杂质。操作程序按 5.1 进行，但不加入脱水剂。

5.2.2　需要进行脱水、脱色的样品，将在有关香料的产品标准中规定，操作程序按 5.1 进行。

中华人民共和国国家标准

GB/T 14454.2—2008
代替 GB/T 14454.2—1993

香料　香气评定法

Fragrance/Flavor substances—Method for valuation of odour

2008-07-15 发布   2008-12-01 实施

中华人民共和国国家质量监督检验检疫总局
中国国家标准化管理委员会　发布

前　言

GB/T 14454《香料通用试验方法》由下列部分组成：

——第 1 部分：香料　试样制备；

——第 2 部分：香料　香气评定法；

——第 4 部分：香料　折光指数的测定；

——第 5 部分：香料　旋光度的测定；

——第 6 部分：香料　蒸发后残留物含量的评估；

——第 7 部分：香料　冻点的测定；

——第 11 部分：香料　含酚量的测定；

——第 12 部分：香料　微量氯测定法；

——第 13 部分：香料　羰值和羰基化合物含量的测定；

——第 14 部分：香料　标准溶液、试液和指示液的制备；

——第 15 部分：黄樟油、黄樟素和异黄樟素含量的测定　填充柱气相色谱法。

本部分为 GB/T 14454 的第 2 部分。

本部分是对 GB/T 14454.2—1993《香料　香气评定法》的修订。本部分与 GB/T 14454.2—1993 相比，主要是增加了三角评析法。

GB/T 14454.2—1993 采用的是成对比较检验法，最终由评价员主观给予评定分值来判定样品是否可以、尚可、及格或不及格。此法的优点在于简单且不易产生感官疲劳，但缺点是对已知样品进行比较时，弱势评价员的判断易被专家左右，而不能做出自己的选择。

在本部分中，除保留了成对比较检验法外，我们还参照了多家企业目前执行的三角评析法和有关感官分析方法中的三点检验法，由主持者主持、小组进行，采用盲测，只记录、不讨论的方式对香料的香气进行了较为客观的评定。

本部分由中国轻工业联合会提出。

本部分由全国香料香精化妆品标准化技术委员会归口。

本部分由芬美意香料（中国）有限公司、上海香料研究所、天津春发食品配料有限公司负责起草。

本部分主要起草人：郭列军、毛天洁、金其璋、邢海鹏。

本部分所代替标准的历次版本发布情况为：

——GB/T 14454.2—1993。

香料　香气评定法

1　范围

GB/T 14454 的本部分的第一法规定了采用三角评析法来评析和判定待检试样的香气与标样之间的差别,适用于香料香气的常规控制。

本部分的第二法规定了采用成对比较检验法来评析和判定待检试样的香气与标准样品之间的差别,适用于香料香气的常规控制。

第一法　三角评析法

2　术语和定义

下列术语和定义适用于 GB/T 14454 的本部分。

2.1

三角评析法　method of triangle valuation

将 4 根辨香纸分别标记,用其中 2 根辨香纸蘸取待检试样,用另外 2 根辨香纸蘸取标样,混合这 4 根辨香纸。任意抽走 1 根,保留 3 根,让评价员找出香气不同的那根辨香纸。

2.2

湿法　wet method

对刚准备好(蘸取样品后 10 min 以内)的辨香纸进行评析,称为湿法。

2.3

干法　dry method

对准备较长时间后(30 min 以后、48 h 之内)的辨香纸进行评析,称为干法。

3　原理

将待检试样与标样进行比较,根据两者之间的香气显性差异来评估待检试样的香气是否可接受。

根据感官分析方法中三点检验法的数学统计模型,在最低的显著水平是 5% 的情况下,评价员轮流独立地对准备好的辨香纸进行评析,出示抽出的辨香纸标记符号给主持者,由主持者记录,不讨论。每人进行 3 次(勿重复进行),分别对样品的头香、体香和尾香进行评析。把每次评析都视作一次独立判定,如果为 5 人的话,共评析 15 次,如果抽出正确的辨香纸低于 9 次,则低于最低的显著水平 5%,可判断待检试样的香气与标样有差异,但在可接受范围内。因此,本方法的操作需由不少于 5 位(最佳 7 位、单数。具体的评价员数及其判断临界值见表 1)、经培训合格的或是嗅觉灵敏的评价员组成的评析小组进行。一次评析的样品量不应超过 15 个,以确保评价员集中精力。

4　评析前的准备

4.1　评析室

4.1.1　内部设施均应由无味、不吸附和不散发气味的建筑材料构成,室中应具有洗漱设备。

4.1.2　评析室应紧邻样品制备区,墙壁的颜色和内部设施的颜色应为中性色。推荐使用乳白色或中性浅灰色。

4.1.3　应控制噪声,避免评价员在评析过程中受干扰。应有适宜的通风装置,避免气息残留在评析室中。

4.1.4　照明应是可调控的和均匀的,并且有足够的亮度以利于评析。推荐灯的色温为 6 500 K。

4.1.5　温度和湿度应适宜并保持相对稳定。工作台椅应尽量让评价员感觉舒适。

4.2　评价员

4.2.1　评价员的选择

　　a)　评价员应身体健康,具有正常的嗅觉敏感性和从事感官分析的兴趣;

　　b)　对所评析的产品具有一定的专业知识,且无偏见;

　　c)　无明显个人体味。

4.2.2　评价员的培训

　　a)　挑选不同香型的样品 3 个~4 个并构成香型组(如甜香、青香、花香等),然后反复使评价员熟记;

　　b)　对评价员已熟记的香型进行稀释,然后让评价员排出强弱差别,可逐渐增加稀释倍数以提高辨香难度;

　　c)　以上培训需长期坚持,每年用盲样对评价员进行测试。

4.2.3　评价员评香前的要求

　　a)　每次评析前须洗手、身上不带异味(包括不使用加香的化妆品);

　　b)　不能过饥或过饱;

　　c)　在评析前 1 h 内不抽烟、不吃东西,但可以喝水;

　　d)　身体不适时不能参与评香。

4.3　溶剂

　　需要时,按不同香料品种选用乙醇、苄醇、苯甲酸苄酯、邻苯二甲酸二乙酯、十四酸异丙酯、水等作为溶剂。

4.4　辨香纸

　　干净、无污染的辨香纸。用质量好的无嗅吸水纸(厚度约 0.5 mm),切成宽 0.5 cm~0.8 cm、长10 cm~15 cm 条形。

4.5　标样(或上批次样品)和待检试样。

4.6　辨香纸支架。

5　操作程序

5.1　液体香料

5.1.1　主持者应先确保评析环境符合要求,然后通知评析小组成员,时间最好选择上午或下午的中间时段。

5.1.2　准备好标样和待检试样(可将样品倒入干净、无异杂香气的容器中),并可提前准备好干法辨香纸。

5.1.3　主持者将 4 根辨香纸不蘸取样品的一端用独特的代号/符号进行标记。

5.1.4　取 2 根标记过的辨香纸浸入标样中约 1 cm 蘸取料液,在标样容器口尽量把多余的料液刮掉,辨香纸从标样中拿出后勿将蘸有料液的一端向上竖放,避免多余的料液下淌。主持者记录其代号/符号。

5.1.5　取另 2 根标记过的辨香纸浸入待检试样中,蘸取料液的高度应与标样一致。主持者记录其代号/符号。

　　如果不能确保蘸取同样高度的话,最好将 4 根辨香纸都单独蘸取,避免评价员从蘸取料液的高度上进行鉴别。如果两个样品在辨香纸上出现可见的色差时,调暗评析室的亮度。

5.1.6　由主持者将4根蘸有样品的辨香纸交叉混合,此过程应避免蘸有样品的一端相互接触、污染。任意抽出1根放置一旁,保留其余3根辨香纸支架置在辨香纸支架上,交给评价员评析。

5.1.7　在评析时须注意,辨香纸距鼻子需保持1 cm~2 cm的距离,且勿让辨香纸接触鼻子,缓缓吸入。在感觉到嗅觉疲劳时,评价员可嗅一下自己的衣袖。

5.1.8　剩下的3根辨香纸中必然有1根蘸取的料液是来自不同的样品,评价员根据自己的嗅感寻找香气不同的辨香纸。

5.1.9　如评析小组集中进行评析,在评析过程中评价员应不相互讨论,且需对同一组标样和待检试样进行3轮蘸取和评析。每位评价员需在大约30 min内,每隔10 min寻找一次香气不同的辨香纸,主持者只记录每位评价员每一轮评析所找出辨香纸的代号/符号。

5.2　固体香料

5.2.1　固体香料可直接用干净、无异杂气的白纸标记后放置样品,直接进行评析。大块的、晶体样品应碾压粉碎后再进行评析。

5.2.2　固体香料也可用溶剂(4.3)将标样和待检试样稀释成相同浓度的溶液后,用辨香纸进行评析。

6　结果的表述

6.1　如果不是小组成员集中进行评析,评价员应根据自己的评析结果给出意见:

    a)　与标样相符;

    b)　与标样有一定的差异,但可接受;

    c)　与标样差异明显,拒绝。

应至少有5位评价员参与,最终的结果应综合评价员的意见。如:5人参加评析,1人的意见是"拒绝",4人的意见是"与标样有一定的差异,但可接受",则最终判定应为"与标样有一定的差异,但可接受"。

6.2　如果是小组成员集中进行评析,则根据三角评析时抽出的那根辨香纸是否正确来判定。如果评价员从留下的3根辨香纸中抽出的那根就是来自不同样品时,则结果视为正确。

6.3　结果分析

原假设:不可能根据特性强度将两种试样区别开。在这种情况下识别正确的概率为$P_0=1/3$。

备择假设:可以根据特性强度将两种试样区分开。在这种情况下识别正确的概率为$P>1/3$。

如果正确回答的数目小于表1中的临界值,则认为待检试样与标样没有显著差异,属可接受范围。反之,正确回答数大于临界值,即认为待检试样与标样在香气上有显著的差异,超出了可接受范围。

表 1　二项分布显著性表(＝5%)

评价员数	评价次数	临界值
5	15	9
6	18	10
7	21	12
8	24	13
9	27	14
10	30	15
11	33	17

6.4　如果标样与待检试样的评析结果显示待检试样不在可接受的范围内，而待检试样经过验证后，确认为具有代表性的正确样品时，则再用上批次的样品与待检试样进行评析，以排除标样在被污染、陈化、变质等情况下，对待检试样的香气产生误判。

本方法为仲裁法。

<h2 style="text-align:center">第二法　成对比较检验法</h2>

7　原理

通过评香，评定待检试样的香气是否与标准样品相符，并注意辨别其香气浓淡、强弱、杂气、掺杂和变质的情况。

8　标准样品、溶剂和辨香纸

8.1　标准样品

选择最能代表当前生产质量水平的各种香料产品作为标准样品。当质量有变动时，应及时更换。

不同品种、不同工艺方法和不同地区的天然香料，用不同原料制成的单离香料，或不同工艺路线制成的合成香料，以及不同规格的香料，均应分别确定标准样品。

标准样品由企业技术、质检部门和/或顾客共同确定。

标准样品应置于清洁干燥密闭的惰性容器中，装满(或充氮气)，避光保存，防止香气污染，并应符合有关部门的规定。

8.2　溶剂

需要时，按不同香料品种选用乙醇、苄醇、苯甲酸苄酯、邻苯二甲酸二乙酯、十四酸异丙酯、水等作为溶剂。

8.3　辨香纸

干净、无污染的辨香纸。用质量好的无嗅吸水纸(厚度约 0.5 mm)，切成宽 0.5 cm～0.8 cm、长 10 cm～15 cm 条形。

9　操作程序

在空气清新无杂气的评香室内，先将等量的待检试样和标准样品分别放在相同而洁净无嗅的容器中，进行评香，包括瓶口的香气比较，然后再按下列两类香料分别进行评定。

9.1　液体香料

用辨香纸分别蘸取容器内待检试样与标准样品约 1 cm～2 cm(两者须接近等量)，然后用嗅觉进行评香。除蘸好后立刻辨其香气外，并应辨别其在挥发过程中全部香气是否与标准样品相符，有无异杂气。天然香料更应评比其挥发过程中的头香、体香、尾香，以全面评定其香气质量。

对于不易直接辨别其香气质量的产品，可先以不同溶剂(8.2)溶解，并将待检试样与标准样品分别稀释至相同浓度，然后再蘸在辨香纸上，待溶剂挥发后按本条规定的方法及时进行评香。

9.2　固体香料

固体香料的待检试样和标准样品可直接进行香气评定。香气浓烈者可选用适当溶剂(8.2)溶解并稀释至相同浓度，然后蘸在辨香纸上按 9.1 的方法评香。

必要时，固体和液体香料的香气评定可用等量的待检试样和标准样品，通过试配香精或实物加香后进行评香。

10　结果的表述

　　香气评定结果可用分数表示(满分为 40 分)或选用纯正(39.1 分～40.0 分)、较纯正(36.0 分～39.0 分)、可以(32.0 分～35.9 分)、尚可(28.0 分～31.9 分)、及格(24.0 分～27.9 分)和不及格(24.0 分以下)表述。

中华人民共和国国家标准

GB/T 11539—2008/ISO 7359：1985
代替 GB/T 11539—1989、GB/T 14455.9—1993

香料　填充柱气相色谱分析　通用法

Fragrance/Flavor substances—Analysis by gas chromatography
on packed columns—General method

(ISO 7359：1985，Essential oil—Analysis by gas chromatography
on packed columns—General method，IDT)

2008-07-15 发布　　　　　　　　　　　　　　　　　2008-12-01 实施

中华人民共和国国家质量监督检验检疫总局
中国国家标准化管理委员会　发布

前　　言

　　本标准等同采用 ISO 7359:1985《精油　填充柱气相色谱分析　通用法》。本标准与 ISO 7359:1985 相比,主要是将标准名称和标准中的"精油"改为"香料"。

　　本标准是对 GB/T 11539—1989《单离及合成香料　填充柱气相色谱分析　通用法》和 GB/T 14455.9—1993《精油　填充柱气相色谱分析　通用法》的合并及修订。

　　本标准由中国轻工业联合会提出。

　　本标准由全国香料香精化妆品标准化技术委员会归口。

　　本标准由上海香料研究所负责起草。

　　本标准主要起草人:金其璋、徐易、曹怡。

　　本标准所代替标准的历次版本发布情况为:

　　——GB/T 11539—1989;

　　——GB/T 14455.9—1993。

引　言

　　由于气相色谱分析法的描述十分冗长，因此认为如下做法是有用的。一方面制定通用方法，指出所有常用参数、仪器、产品、方法、公式等方面的详细信息；另一方面制定较为简短的香料特定成分的测定标准，仅给出有关特定的操作条件。

　　这些简述版本的标准将引用本标准填充柱气相色谱分析法，或引用 GB/T 11538《精油　毛细管柱气相色谱分析　通用法》。

香料　填充柱气相色谱分析　通用法

1　范围

本标准规定了用填充柱气相色谱分析香料的通用方法,目的在于测定其中一个特定成分的含量和/或探求一个特征图像。

2　规范性引用文件

下列文件中的条款通过本标准的引用而成为本标准的条款。凡是注日期的引用文件,其随后所有的修改单(不包括勘误的内容)或修订版均不适用于本标准,然而,鼓励根据本标准达成协议的各方研究是否可使用这些文件的最新版本。凡是不注日期的引用文件,其最新版本适用于本标准。

GB/T 11538　精油　毛细管柱气相色谱分析　通用法(GB/T 11538—2006,ISO 7609:1985,IDT)

GB/T 14454.1　香料　试样制备(GB/T 14454.1—2008,ISO 356:1996,MOD)

3　原理

小量香料在规定的条件下,在一根装填适当物质的柱上进行气相色谱分析。

必要时用保留指数鉴定不同成分。

用测量峰面积的方法对特定成分作定量测定。

4　试剂和产品

分析中,除另有规定外,只用认可的分析级试剂和新蒸馏的产品。

4.1　载气

4.1.1　氢[1]、氦或氮,按照所用检测器的类型选用。如所用检测器需用上述以外的载气,应说明。

4.1.2　辅助气:适合所用检测器的任何气体。

4.2　检查柱的化学惰性的产品:乙酸芳樟酯,纯度至少98%。

4.3　测试柱效的产品[2]

4.3.1　芳樟醇,色谱测定纯度至少99%。

4.3.2　甲烷,色谱测定纯度至少99%。

4.4　参比物质,对应于待测定或待检出成分。参比物质将在每一有关标准中规定。

4.5　内标:将在每一有关标准中规定,它的出峰位置应尽可能地靠近待测成分,且不与香料中任何成分的峰相重叠。

4.6　正构烷烃,色谱测定纯度至少95%。在一特定的标准中所用的正构烷烃的范围,取决于试验条件下所涉及成分的保留指数。

注:正构烷烃仅用于需测定保留指数时。

4.7　测试混合物:制备一个含接近等量比例的下列物质的混合物。

——苧烯;

——苯乙酮;

——芳樟醇;

---

1)　用此气时,应严格遵守安全规则。

2)　其他产品也可用以检查柱效,它们将在每一有关标准中规定。

　　——乙酸芳樟酯；

　　——萘；

　　——肉桂醇。

　　所有上述试剂用色谱测定，纯度至少 95％。

　　注：其他产品也可用，将在每一有关标准中规定。

5　仪器

5.1　色谱仪，装备有一个合适的检测器和一个程序升温器。进样系统和检测系统应配备有能单独控制各自温度的装置。

5.2　柱，用惰性材料制成（例如玻璃或不锈钢），内径在 2 mm～4 mm 之间，长度在 2 m～4 m 之间。

　　担体应尽可能惰性，例如硅烷化和酸洗的白色硅藻土。必须使用特定颗粒度的担体时，将在有关标准中规定。

　　固定相的性质将在每一有关标准中规定。目前最常用的固定相是：非极性的如二甲基聚硅氧烷，极性的如聚乙二醇。固定相与担体之比以每 100 g 担体上固定相的克数表示。

　　柱填料的组成将在每一有关标准中规定。

　　注：如果用柱填料而不用另外固定相时，则应适当描述填料的特征。

5.3　记录仪和积分仪，其效能应与仪器的其余部分相适合。

6　试样制备

　　按 GB/T 14454.1 的规定。

　　如果注人的试样需要进行特殊制备，将在有关标准中指出。

7　操作条件

7.1　温度

　　色谱炉、进样系统和检测器的温度将在每一有关标准中规定。

7.2　载气流速

　　调节流速以便得到所需柱效（见 8.2）。

7.3　辅助气流速

　　参照制造商说明书以得到检测器的最佳响应值。

8　柱性能

8.1　化学惰性试验

　　在试验条件下（见 7.1）注入一定量的乙酸芳樟酯，应只得到一个峰（在纯度限定范围内）。

8.2　柱效

　　在 130 ℃恒温下，以芳樟醇峰测定柱效。测定有效塔板数 N，用下列公式之一计算应至少为 3 000。

　　公式 1：（见图 1）

$$N = 16 \left(\frac{d_r'}{\omega} \right)^2 \qquad\qquad\qquad\qquad (1)$$

　　公式 2：

$$N = 5.54 \left(\frac{d_r'}{b} \right)^2 \qquad\qquad\qquad\qquad (2)$$

　　式中：

d_r'——调整保留距离，以长度单位表示（130 ℃时芳樟醇峰的保留距离减去空气峰或甲烷峰的保留距离）；

ω——芳樟醇峰拐点上两根切线与基线的两个交点间的距离，以保留距离同样的长度单位表示；

b————规定化合物(芳樟醇)半峰高处的宽度,单位为毫米(mm)。

记录仪纸速应使 ω 至少 10 mm,以便得到适当的精密度。

记录仪纸速应使 b 至少 5 mm,以便得到适当的精密度。

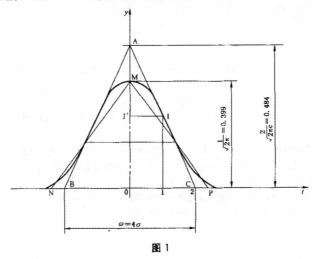

图 1

8.3 分离度和分离百分率

为了测定分离度和/或分离百分率,在试验条件下注入适量测试混合物(4.7)。

8.3.1 分离度的测定(见图 2)

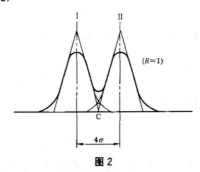

图 2

用式(3)计算相邻二峰 Ⅰ 和 Ⅱ 的分离因子 R:

$$R = 2 \frac{d_{r(Ⅱ)} - d_{r(Ⅰ)}}{\omega_{(Ⅰ)} + \omega_{(Ⅱ)}} \quad \cdots\cdots\cdots\cdots\cdots\cdots\cdots (3)$$

式中:

$d_{r(Ⅰ)}$——峰 Ⅰ 的保留距离;

$d_{r(Ⅱ)}$——峰 Ⅱ 的保留距离;

$\omega_{(Ⅰ)}$——峰 Ⅰ 的底宽;

$\omega_{(Ⅱ)}$——峰 Ⅱ 的底宽。

如果 $\omega_{(Ⅰ)} \approx \omega_{(Ⅱ)}$,用式(4)计算 R:

$$R = \frac{d_{r(Ⅱ)} - d_{r(Ⅰ)}}{\omega} = \frac{d_{r(Ⅱ)} - d_{r(Ⅰ)}}{4\sigma} \quad \cdots\cdots\cdots\cdots\cdots\cdots (4)$$

式中 σ 是标准偏差(见图1)。

如果两峰之间距离 $d_{r(Ⅱ)} - d_{r(Ⅰ)} = 4\sigma$,分离因子 $R=1$(见图2)。

如果两峰分离不完全,两峰拐点处切线相交于 C 点。为了分离完全,两峰间距离应等于:

$$d_{r(Ⅱ)} - d_{r(Ⅰ)} = 6\sigma$$

如此 $R=1.5$(见图3)。

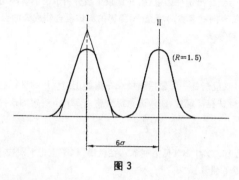

图 3

8.3.2　分离百分率的测定(见图4)

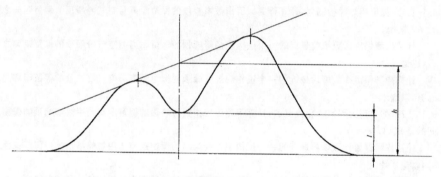

图 4

画一直线连接有关峰的顶点,从基线画一垂直线通过两峰间最低点。在连接有关峰顶的直线和基线之间沿着垂直线量出基线与交点间的距离 h。

沿着垂直线再量出两峰间最低点与基线之间的距离 l。

用式(5)计算分离百分率 p,以百分数表示:

$$p = \frac{100(h-l)}{h} \quad\quad\quad\quad\quad\quad\quad\cdots\cdots\cdots\cdots\cdots\cdots\cdots(5)$$

8.3.3　检查程序升温时的分离度

用下列条件:

——二甲基聚硅氧烷或聚乙二醇柱;

——程序升温从 80 ℃~220 ℃,速率 2 ℃/min 或 3 ℃/min。

载气流速应使测试混合物(4.7)中所有成分和测定保留指数所需正构烷烃(4.6)在程序升温终止前全部从柱中流出。

8.3.3.1　注入适量测试混合物(4.7),在所得色谱图上:

a)　在二甲基聚硅氧烷柱的情况下,苧烯峰和苯乙酮峰的分离百分率至少为 95%(见8.3.2);

b)　在聚乙二醇($M_r = 20\,000$)柱的情况下,芳樟醇峰和乙酸芳樟酯峰的分离百分率至少为 95%(见8.3.2)。

如果在有关标准中规定用其他固定相,则应规定具体要求。

8.3.3.2 注入适量测试混合物(4.7),计算测试混合物中各成分的保留指数(见第 9 章)。

用二甲基聚硅氧烷柱时,则用烷烃 C_{10} 至 C_{16}。

用聚乙二醇($M_r = 20\,000$)柱时,则用烷烃 C_{11} 至 C_{24}。

这样计算出的保留指数指出了柱的极性,并比较了被分析成分的各种结构特征。

如果在不同柱上[3]装有同一名称的填充物,测得的测试混合物成分的保留指数仅稍有不同,则不同柱上所得的结果可视为同等的。

9 保留指数的测定

如需测定保留指数,则应制备一个包括正戊烷在内的正构烷烃的试样的混合物,按照预期的保留指数范围选择正构烷烃。待柱温稳定后,注入适量混合物,按 10.1 规定的条件进行分析。

这样得到色谱图"B"。

9.1 保留指数的测定

比较色谱图"A"(见 10.1)和"B"(见第 9 章),在色谱图"B"上记下对应于正构烷烃的那些峰。

在色谱图"B"上做以下测量。

9.1.1 恒温条件

9.1.1.1 如果用热导检测器,计算待测保留指数峰峰顶的保留距离与空气峰峰顶的保留距离之间的差 d'_x,以毫米计。

计算待测保留指数峰前最近的一个正构烷烃峰峰顶的保留距离与空气峰峰顶的保留距离之间的差 d'_n,以毫米计。

计算待测保留指数峰后最近的一个正构烷烃峰峰顶的保留距离与空气峰峰顶的保留距离之间的差 d'_{n+1},以毫米计。

9.1.1.2 如果用火焰离子化检测器,计算待测保留指数峰峰顶的保留距离与甲烷峰峰顶的保留距离之间的差 d'_x,以毫米计。

计算待测保留指数峰前最近的一个正构烷烃峰峰顶的保留距离与甲烷峰峰顶的保留距离之间的差 d'_n,以毫米计。

计算待测保留指数峰后最近的一个正构烷烃峰峰顶的保留距离与甲烷峰峰顶的保留距离之间的差 d'_{n+1},以毫米计。

9.1.2 从进样开始用线性程序升温的程序

测量出待测保留指数峰峰顶与此峰前最近的一个正构烷烃峰(n 个碳原子)峰顶之间在基线上的距离 Δx,以毫米计。

测量出相邻两个正构烷烃(具有 n 个碳原子的正构烷烃和待测保留指数峰后面最近的具有 $n+1$ 个碳原子的正构烷烃)峰峰顶之间在基线上的距离 Δy,以毫米计。

9.2 保留指数的计算

9.2.1 恒温条件

用式(6)计算保留指数 I:

$$I = 100\,\frac{\log d'_x - \log d'_n}{\log d'_{n+1} - \log d'_n} + 100n \qquad\cdots\cdots\cdots\cdots\cdots\cdots\cdots(6)$$

式中:

d'_x——待测保留指数峰峰顶与空气峰(或甲烷峰)峰顶之间的距离,以毫米计(见 9.1.1);

---

3) 这些不同限度将在以后规定。

d'_n——具有 n 个碳原子的正构烷烃峰峰顶与空气峰（或甲烷峰）峰顶之间的距离，以毫米计（见 9.1.1）；

d'_{n+1}——具有 $n+1$ 个碳原子的正构烷烃峰峰顶与空气峰（或甲烷峰）峰顶之间的距离，以毫米计（见 9.1.1）。

注：此公式只在 $d'_{n+1}>d'_z>d'_n$ 时有效。

9.2.2　从进样开始用线性程序升温的程序

此计算式仅在各成分的保留时间包括在线性程序升温范围内时方为有效。

用式（7）计算保留指数 I。

$$I = 100\,\frac{\Delta x}{\Delta y} + 100n \qquad\qquad\cdots\cdots\cdots\cdots\cdots\cdots\cdots（7）$$

式中：

Δx——待测保留指数峰峰顶与具有 n 个碳原子的正构烷烃峰峰顶之间的距离，以毫米计（见 9.1.2）；

Δy——具有 n 个碳原子的正构烷烃峰峰顶与具有 $n+1$ 个碳原子的正构烷烃峰峰顶之间的距离，以毫米计（见 9.1.2）。

注：如果进行不同的程序升温，就不可能计算保留指数。

10　测定方法

10.1　通用条件

按有关标准记录香料的色谱图。

温度和流速条件应和测试柱效时所用的一样（见 8.2）。

为测定某些特定成分，有关标准会规定使用指定温度下的恒温条件。在此情况下，应控制流速使其达到有关标准中规定的分离百分率。

待柱温稳定后，注入适量试样。

这样得到色谱图"A"。

10.2　内标法

在同样操作条件下，记录香料的色谱图及内标（4.5）的色谱图。检查色谱图，待测成分和香料的其他成分应分开，内标不与香料的任何成分相干扰。

10.2.1　响应因子的测定

为定量测定，如果一个成分对应于内标的响应因子需要测定，可称取适量内标（4.5）和参比物质（4.4），使相应的峰面积大致相等。

如果需要用溶剂，将在有关标准中规定。

待柱温稳定后，注入适量此混合物，按 10.1 规定条件进行分析。

这样得到色谱图"F"。

用式（8）计算该成分对应于内标的响应因子 K：

$$K = \frac{A_E \times m_R}{A_R \times m_E} \qquad\qquad\cdots\cdots\cdots\cdots\cdots\cdots\cdots（8）$$

式中：

A_R——待计算其响应因子的参比物质的峰面积积分单位；

A_E——内标峰面积的积分单位；

m_R——参比物质的质量，单位为毫克（mg）；

m_E——内标的质量，单位为毫克（mg）。

10.2.2 测定

如果有关标准规定用某种内标,称取适量香料和该内标(精确至 0.001 g),制备成一混合物。内标量的选择应使待测成分的峰面积与内标的峰面积大致相等。

待柱温稳定后,注人适量此混合物,按 10.1 规定条件进行分析。

这样得到色谱图"C"。

10.3 叠加法

如果在某一特定的测定中不能用内标法,则可用叠加法。

为此,首先注人适量香料,其中 x 是待测成分,y 是所得色谱图"D"上出峰位置靠近 x 的成分。

然后称取 m 克香料和 m_R 克对应于待测成分 x 的参比物质(4.4)(精确至 0.001 g),制备成一混合物。

注人此混合物。

这样得到色谱图"E"。

10.4 面积归一化法

此法不是一个真正的测定方法,仅用峰面积比较方法对从一个混合物中流出的不同成分的相对浓度做粗略的估计,而不是测定这些成分的质量分数。

11 结果的表示

11.1 内标法

用式(9)计算待测成分的含量 C_X,以质量分数表示:

$$C_X = \frac{A_X \times m_E \times K}{A_E \times m} \times 100 \qquad \cdots\cdots\cdots\cdots\cdots\cdots\cdots (9)$$

式中:

A_X——待测成分的峰面积积分单位(见 10.2.2);

A_E——内标的峰面积积分单位(见 10.2.2);

m——精油的质量,单位为毫克(mg);

m_E——内标的质量,单位为毫克(mg);

K——待测成分对应于内标的响应因子(见 10.2.1)。

11.2 叠加法

当 $r' > r$ 时,用式(10)计算待测成分的含量 C_X,以%表示:

$$C_X = \frac{m_R}{m} \times \frac{r}{r' - r} \times 100 \qquad \cdots\cdots\cdots\cdots\cdots\cdots\cdots (10)$$

式中:

m_R——参比物质(4.4)的质量,单位为克(g);

m——香料的质量,单位为克(g);

以及:

$$r = \frac{A_X}{A_Y}$$

A_X——色谱图"D"上(见 10.3)对应于成分 x 的峰面积;

A_Y——色谱图"D"上对应于靠近 x 的成分 y 的峰面积;

以及:

$$r' = \frac{A'_X}{A'_Y}$$

A'_X——色谱图"E"上(见 10.3)对应于成分 x 的峰面积;

A'_Y——色谱图"E"上对应于靠近 x 的成分 y 的峰面积。

11.3　面积归一化法

当试样在试验条件下能全部挥发(香料无残渣),且所得色谱图上无过多的小峰,用式(11)计算待测成分的含量 C_x,以% 表示:

$$C_x = \frac{A_x}{\sum A} \times 100 \qquad\qquad \cdots\cdots\cdots\cdots\cdots\cdots\cdots(11)$$

式中:

A_x——待测成分的峰面积积分单位;

$\sum A$——所有峰面积积分单位之和。

11.4　结果和重复性

以同一样品几次(至少三次)测定所得结果的平均值作为响应因子 K 和待测成分的含量 C_x,计算中所用数值偏离平均值不应大于某一百分率(一般为 $\pm 2.5\%$)。此百分率和测定次数将在不同方法或有关标准中规定。

12　试验报告

试验报告应包括下列内容:

a)　试样的鉴定;

b)　本标准用的参考资料;

c)　所用仪器类型;

d)　柱的特性(材料、填料、温度);

e)　进样系统的特性(类型和温度);

f)　检测器的特性(类型和温度);

g)　载气和流速;

h)　记录仪的特性(最大信号高度、纸速、满刻度响应时间);

i)　所得结果。